极地英雄

哈士奇

顾问 王　巍
主编 王　晓

陕西科学技术出版社

图书在版编目（CIP）数据

哈士奇/王晓主编．—西安：陕西科学技术出版社，2008.5(2009.4重印)

ISBN 978-7-5369-4325-4

Ⅰ.哈…　Ⅱ.王…　Ⅲ.犬—驯养　Ⅳ.S829.2

中国版本图书馆CIP数据核字（2008）第051147号

内容简介

这本《哈士奇》单犬种全彩专辑，汇集了世界各哈士奇俱乐部(协会)的研究成果及国内外著名专业犬舍的饲养管理实践经验，从哈士奇的起源发展、犬种标准、评审鉴赏、赛场展示、选购饲养、训练管理、选种繁育等方面进行了详细介绍，并配以大量高质量图片予以对照说明，知识专业，内容丰富，通俗易懂，极具实用性、科学性及欣赏性。

出版者　陕西科学技术出版社

西安北大街131号　邮编710003

电话(029)87211894　传真(029)87218236

http://www.snstp.com

发行者　陕西科学技术出版社

电话(029)87212206　87260001

印　刷　陕西金和印务有限公司

规　格　880mm×1230mm　大32开本

印　张　5

字　数　140千字

版　次　2008年5月第1版

2009年4月第3次印刷

定　价　28.00元

极地英雄——哈士奇

西伯利亚地处中高纬度，自北向南有苔原、森林苔原、森林、森林草原和草原带，其间有众多的湖泊与河流。西伯利亚气候寒冷，北半球的两大“寒极”（上扬斯克和奥伊米亚康）均位于此。

遥远的西伯利亚冬季寒冷漫长，大雪纷飞，山舞银蛇，原驰蜡象，一片银装素裹。在冰风雪雨中，在一排帐篷旁边，几只灰白的生灵聚在一起，有的傲然挺立静望远方，有的生龙活虎追逐嬉戏；远处和它们一样的，一群似狼非狼的动物拉着雪橇在山林间一路狂奔……她们就是这片圣洁雪原的原生物种，极地英雄——哈士奇！

哈士奇是大自然手中的精品力作。作为工作犬，她在土著人心目中有着不可替代的地位，在暴风雪里、在凝血成冰的低温极限，她们坦然面对，拉着雪橇灵活的穿梭，那种刚强不屈的性格，那种优游自在的气度，让人肃然起敬。

由于哈士奇长期随着牧民的游牧不断变换生活的地点，她们没有高度的领地意识，她们的心已融入大地，胸怀宽广，包容着一切。如今，哈士奇虽已脱离雪橇的束缚，跨越大陆，漂洋过海走进我们的生活，但哈士奇的骨子里仍流淌着来自西伯利亚的血液，她们的性情也并没多少改变，直至如今她们还那样的热情奔放、那样的坚强勇敢，在她们的眼里，还是觉得劳动最光荣、劳动最快乐！

哈士奇更是自然界生灵物化的组合，均衡的外形、流畅的曲线、俊朗的面容、矫健的身姿都和谐展现于哈士奇的身上。她那种天然去雕饰，来自冰雪世界的清新气质，让人总是过目难忘，那种奔放自由让人回味，当她从我们身边轻盈的掠过时，我们总会望着她远去的背影发呆。

当她第一次静静站在我的面前，当我第一次有机会蹲在她面前时，我竟不敢完全正视她，那种冰清玉洁让我有种“触电”的感觉。

也许就是当初那一瞥，就让我恋上了她，从此揭开了我一生与“狼”共舞的序曲，我开始了追随她一生的脚步。哈士奇用她的坚韧、用她对生活的热爱、用她的激情鼓舞着我，从十多年前我从美国“娶”回第一只哈士奇，到有了自己的犬舍，到今天发展为国内最大的哈士奇专业连锁店——黄金犬舍，对于这一切我都不得不感谢她。因为在遇到困难时，哈士奇告诉我执著；在烦恼时，哈士奇教会我洒脱；在气馁时，哈士奇给我勇气。我也用我的爱回报着哈士奇，我带着她们周游全国，在各地犬展的舞台上展现英姿，她为我们捧回无数奖杯。

为了却我多年的一个心愿，为让更多的人了解哈士奇、认识哈士奇，已将我这些年来研究、搜集、整理的一些哈士奇资料结集成《哈士奇》一书出版。但是由于当时时间匆忙，原来的书中难免瑕疵，同时也由于近年国内外的哈士奇繁育水平大大提高，原来书中部分图片、知识已显陈旧落伍。为了答谢关心、支持哈士奇发展的朋友，我们再次全面整理出版了这本全新的《哈士奇》专辑，以便为读者朋友奉献哈士奇更专业、更准确、更前沿的知识与资讯！

我始终有一个愿望：希望通过我们的不懈努力，我们也可以带着自己培育的优秀赛犬游走于世界的舞台，并骄傲的告诉他们：这是“Made in china”。——为此，就让我们一起努力吧！

农业部中国畜牧业协会犬业分会（CNKC）常务理事

黄金犬舍　王巍

目 录

哈士奇评审图解

哈士奇的参展

哈士奇的选购

哈士奇的训练

哈士奇的护理

哈士奇的繁殖

哈士奇的起源与发展

哈士奇是西伯利亚雪橇犬的俗称，体形和叫声酷似狼；它属于中型工作犬，起源于亚洲东北部，由楚克奇人繁育，是一种耐力极强的雪橇犬。

哈士奇的魅力

哈士奇是世界上最英俊的雪橇犬，生来具有领导者的气质与风范，酷爱运动。无论在乡间还是在城市，哈士奇以其俊美亮丽的外形、超凡脱俗的气质、独树一帜之个性、奇智巧心的智慧赢得众多人的喜爱，成为最贴心的生活伴侣，哈士奇的自然美，令人赞叹老天的妙手杰作。

外貌上，它充满着异国情调，具有狼之风貌，承袭了始祖“狼”的野性自然美和真性，有着威严不可侵犯之独特脸谱；它有着梦幻般的被毛、直竖的耳朵、毛刷式的尾巴；一双亮丽的眼睛，闪耀着虹彩色泽，更显其神秘色彩；它仪态从容不迫，步态轻盈、不费力，动作敏捷，令人爱不释手。

性情方面，它聪慧伶俐，气质又相当清新，表情坚定，有强烈的好奇心，甚至淘气。狼吟啸月是哈士奇的最大特色，外表虽然粗犷豪迈，但是它很温柔、聪颖、善解人意，对人极具亲和力；它通常会信赖和爱戴身边的所有人，当然也包括小偷，所以不要指望哈士奇可以给你保家护院；它不会呈现出护卫犬强烈的领地占有欲，不会对陌生人产生过多的怀疑，也不会攻击其他犬类；成年犬具备一定程度的谨慎和威严，是合适的伴侣和忠诚的工作者。

哈士奇天生是自由之主，个性外向活泼，有旺盛的精力，喜欢运动、闲逛，而且对跑步是乐此不疲，当它拖着轻量货物在雪地上执行工作任务时，最能显示它卓越的能力，对应了“力量、速度和耐力的平衡”。它只需简朴的动物饲养便能适应相当严酷的环境；它是主人最好的运动伴侣，对于不想在室内跑步机上单调运动的你，哈士奇便是一个不错的选择。

城市里紧张的生活节奏使人们时常想念原野的自由与奔放，向往对大自然回归，哈士奇继承了狼之风情，从它那儿你足以得到一些安慰，拥有哈士奇，你会深深地被它所散发的原始犬种特性吸引，为之着迷。你将真正体会哈士奇的魅力和拥有它们的喜悦，拥有哈士奇，等于拥有年轻活力的岁月，可使你青春永驻！

哈士奇的起源

哈士奇的名字是由北国寒冷地带的爱斯基摩人命名的，在阿拉斯加，它原本被称为“爱斯基”或“爱斯基摩”，也就是我们今日所熟知的善于工作的雪橇犬。

约在35000年前，中亚人带着他们那些拥有胡狼形态的狗迁徙到西伯利亚的尽头地区与北极地带，这些狗与北极狼相互杂交而发展出北方犬种，包括阿拉斯加玛拉慕蒂犬(Malamute)、萨摩耶犬(Samoyed)、猎麋犬(Elkhound)等犬种。

在新石器时代，北方犬已演变出了它们自己特有外形与特征且和狼持续了一段很长时间的周期性繁殖，而这些繁殖出来的狗都被归属于

"Huskies",不过"Husky"这个词是"esky"的讹传所误,"esky"其实是爱斯基摩人的俚语,意即"沙哑的喊声"。这些与狼杂交后繁殖出来的狗包括了拥有坚韧的、毛茸茸的被毛,面孔轮廓分明及羽毛状尾巴的拉雪橇犬种;它们的被毛厚实且有绒毛使它们能抵挡恶劣的气候,其毛色有多种颜色,如红色、黄色,白色带黑斑点、黑色等等。

回溯至中石器时代,有证据显示人们在雪上用狗拉雪橇来旅行已有很长的时间。当爱斯基摩人继续向北方迁移穿越北极圈,最后来到了格陵兰,而有些土著人则在他们之后沿着克利玛河(Kolyma River)盆地的确尔斯基山 (Cherski Mountain) 小丘两侧设立部落,其中一个部落就是发展西伯利亚哈士奇的楚克奇人(Chukchi);由于哈士奇除了拉雪橇之外,还可以看守家畜,而其体型小巧结实,食量小,耐寒又无体臭,在极地环境很能适应,因此楚克奇人将其视为自己的重要财产之一。

哈士奇最早就是由居住在亚洲东北部的楚克奇人繁育的。大约有 3000 年,西伯利亚的伊奴伊人用它们来看守驯鹿,并驾着它们拉的雪橇横跨雪漠。哈士奇是一种耐力极强的雪橇犬。随着环境的改变,过着半游牧生活的楚克奇人不得不扩大他们的狩猎范围,于是他们培育了一种独一无二的雪橇犬为他们工作。牧民们的生活很大程度上依赖这种犬。楚克奇人需要在极低的温度下能长途跋涉的犬。哈士奇在少量负重时以中等速度行进,尽量减少体力消耗。研究表明,19 世纪楚克奇人一直保持这种纯种的雪橇犬。这种雪橇犬就是现在在美国被称为哈士奇犬的唯一和直接的祖先。

18 世纪初,阿拉斯加的美国人开始知道这种雪橇犬。1909 年,哈士奇第一次在阿拉斯加的犬赛中亮相。同年,查理·福克斯·慕·瑞塞和他的团队进口了大量哈士奇到阿拉斯加，并在1901年赢得了艰苦的643.72千米比赛的胜利。这之后的10年里，特别是列哈德·瑟帕拉饲养的哈士奇赢得了阿拉斯加大部分比赛的胜利。阿拉斯加崎岖的比赛场地对这种耐力极强的犬来说非常适合。

这也许会成为最时尚的运动方式

1925年，阿拉斯加流行白喉，急需抗生素。许多哈士奇犬饲养者，包括列哈德·瑟帕拉（LEONHARD SEPPALA）被召集来用他们的哈士奇将救命的血清送到发病地区。这支英雄队伍中的焦点是哈士奇。列哈德·瑟帕拉还带领他的犬去美国大陆参加了一个私人犬展，这时他被邀请参加新英格兰的一个犬拉雪橇比赛。列哈德·瑟帕拉的哈士奇极强的比赛能力和开朗的个性赢得了阿拉斯加和新英格兰所有运动员的尊敬和喜爱。通过这些最早的养犬人的努力，哈士奇在美国发展起来，并于1930年被美国养犬俱乐部承认。许

“雪原是我自由的天空”

多哈士奇被集中在新英格兰的汉普郡的奇诺克养犬基地进行训练，准备参加南极探险活动，哈士奇还参与了军队对北极地区的研究活动，并在第二次世界大战中充当空军运输指挥中心的救援犬。

今天人们对哈士奇的特色与个性，有许多不同的主张。有人说，它温和的本性是因为几个世纪以来，各个部落对它的爱心和关怀所致。它的主人都是北极圈的居民：恰克奇人、可亚克人、康查达人、萨摩耶人和其他部落。

然而还有人认为，这种优秀的雪橇犬由于长久过着独立而不受束缚的生活，所以个性经常会显得粗暴、残酷。例如，在格陵兰岛，这些狗每年有八个月的时间是不用工作，这时它们就成群结队为食物、求偶、地盘和地位而争斗不休。雪橇犬必须对抗大自然的力量，而它的生活则建立在坚毅的性格，以及对领导者的忠诚与服从之上。在队伍中，领导者有两个，人永远是老大，狗队长则是副领导者。

就这一点也有不同意见，据说印第安人的狗较依赖它们的驾驶者、领航人，而非它们的狗队长。无论在任何情形下，有一点是不变的，尽管领导者良莠不齐，哈士奇总是有着独特形式的领导阶层。

哈士奇犬生性友善，独立性强，尽管非常机警，但在很多情况下缺乏守卫犬的进攻和防守意识。哈士奇犬天生爱清洁，没有许多长毛犬身上的气味。这种犬对生活条件的适应能力极强，但天生喜欢闲逛，所以必须注意看管。明智的主人会发现无论在乡间还是在城市，哈士奇都是非常好的伴侣，它们美丽的外表、友善的个性和广泛的用途赢得了众多人的喜爱。

哈士奇——运输工具

今天一提到用来当作运输工具的狗，大家就会想到雪橇犬，或有时称作极地区内的哈士奇犬。一般人认为最早用狗来拉雪橇的是爱斯基摩人。大部分人一下子就能认出雪橇犬，它们耳朵高耸，全身都是竖立的粗硬毛皮，当然，还有那有着浓密毛丛十分特殊的尾巴。用来拉雪橇的狗，除了哈士奇之外还包括阿拉斯加雪橇犬、萨摩耶犬、凯斯犬与猎麋犬。

哈士奇是极地早期最重要的运输工具

随着现代交通工具的发达，狗已退出运输工具的角色，成为人们生活中的宠儿。但是今天不为人所知的是，在这世界的其他角落，狗曾广泛地被用来当作拖曳动物、拖运小型货车或行李。像纽芬兰犬、圣伯纳犬与伯恩山区犬等，都因它们拖运货车的力量与耐力，而广受肉贩、蔬果贩、挤奶妇女、织布商、焊锅匠、面包商等的赞赏。18~19 世纪初的英国，伦敦的渔货（需要快捷的运输）是从南方的港口用拖车送来的，一般拖车是由 4 只纽芬兰犬拖运，除了承载驾驶之外，还得拖运三四百磅重的渔货；在瑞士伯恩地区，除了拖车本身的重量之外，1 只伯恩山区犬

还可轻松地拖运一百磅重的织布。即使是小型的狗,只要结合成一个团队,也可以组织成一支有效率的拖运队伍。一支由 4 只哈士奇所组成的队伍,可以拖着一辆拖车,上面坐着一个人,然后以时速 12 千米前进。

对于一般人来说,狗是他们所能拥有的最佳运输工具。狗很容易买得到,体型又小,可以容身于一般人的小房子内,而且只要一点点食物就可以维生。除了拖运货物之外,狗也可以替小贩看守货物,并且保护熟睡中的家庭。今日,在许多地方,狗仍继续被用来当作拖曳动物,不过,在英国境内已有明文规定不准用狗来拖运。1824 年,英国"防止动物受虐协会"正式成立,从此,该协会所规定最残酷的虐待动物行为,就是利用狗当作拖曳动物。虽然有人指出这些狗都被照顾得很好,而且对于那些买不起马或驴的穷人来说,狗对它们非常重要,但是防止动物受虐协会信手拈来就是一些残酷的事例,这些事例被拿来作为向议会游说、施压的法宝。1800 年代中期,防止动物受虐协会让国会通过一条禁止把狗当作拖运动物的法律,配合课征养狗税的措施,结果立即引发了一场狗的大灾难。当狗再也无法被用来拖运,甚至变成课税的负担后,整个英国陷入一场对狗的大屠杀,在伯明罕地区,超过一千只狗被杀害;利物浦地区也有差不多数量的狗丧命;在康桥地区,满街都是被弃置的狗尸。由于这些狗尸变成了一大卫生问题,康桥地区的最高治安官便安排了一场四百只狗的集体埋藏。这场狗的灾难很大程度上遏制了拖运犬喜爱奔跑的天性,以致到后来人们就以拉雪橇比赛、犬展等形式作为弥补。

早期哈士奇雪橇赛

1880年阿拉斯加首次被发现蕴藏着丰富的黄金，但到了1896年时，才开始涌进大批的淘金人潮。后来一位名叫SCOTTY的人，提出了办一场雪橇犬比赛，来证明谁拥有最好的狗雪橇队伍。1907年阿拉斯加NOME镇成立了犬舍俱乐部，负责主办这项新活动。俱乐部第一任理事长是律师ALBERT FINK，他为此竞赛设下了基本规则：所有参赛驾驶员须为会员；参赛犬只需向俱乐部登记；驾驶者可任意决定竞赛队伍犬只数目，只要出发时与回来时的数目相符，（不论死伤），但出发前应接受印记，以避免半途调包；不可有任何形式的定速、串通；若遇有两支队伍一前一后速度相近时，后方队伍有优先权超越前方队伍，必要时也可获得超越的协助，但此超越权不适用在最后终点前之冲刺；比赛的路径，则决定从NOME到加拿大来回共656千米，其中包括了非常变化多端的各种地形。

雪橇赛让阿拉斯加成为世界闻名的赌城

比赛时间定在4月天气状况最理想的时候，为让犬只和驾驶人届时能达最佳状况，整个冬季都在举行着赛前的演练工作，从短途的7千米，慢慢的增加到75千米。各项人与犬驾驶雪橇应准备的用品与器具，都有了不同以往的改进，以便能提高速度与安全性。

第一届阿拉斯加雪橇大赛（ALL ALASKA SWEEPSTAKES）终于在1908年举行，由理事长ALBERT FINK所拥有的雪橇队获得冠军，驾驶人名为JOHN HEGNESS，整个竞赛可说非常成功。当地民众不但要求此活动应年年举办，而且还要求让居民放四天公假以便参加或参观，另在竞赛期间举办雪橇皇后选拔等活动助兴，当然居民最爱的还是因之而形成的赌博活动。

这个比赛也吸引了无数的游客涌进，当年夏天，名叫WILLIAM GOOSAK的俄国皮毛商，带着一队从西伯利亚来的哈士奇狗雪橇队伍，来到NOME这个小镇。这哈士奇较小巧、结实、温顺，看起来比较像狐狸；而本地犬的体型较大、凶猛，看起来像狼，爱打斗，且给人很有力的印象。虽然当地一些犬迷被哈士奇吸引，并建议它们可参加雪橇竞赛，但却没有人真的看好这个陌生犬种。尤其赌客都是以雪橇队狗的脚长短来下注，他们认为长脚狗的胜算较大，所以西伯利亚来的狗赌客根本就没兴趣下注。不过狗主人后来还是说服一个名叫TRUSTRUP的人来驾驶他的雪橇队参赛，使得第一个西伯利亚哈士奇犬雪橇队在1909年4月正式驰骋在北美大陆上的NOME镇，开始了它的历史之旅。

这只西伯利亚哈士奇犬雪橇队伍并未得到冠军，但是第三名的成绩也让当地人大开眼界，何况失利原因在于驾驶策略应用失当。整个过程让起初不看好这支队伍的人都吓出一把冷汗，他们了解西伯利亚哈士奇犬的实力，因为它们前面四分之三的赛程，仅稍落后最被看好的队伍，因驾驶人急功近利，未让犬只做适度休息，才会在最后四分之一赛程功亏一篑。

有个名叫FOX MAULE RAMSAY的年轻人也报名参加了1909年的比赛，但未获名次，在观看了哈士奇犬的优异表现之后，便不惜重金，从西伯利亚引进了70只哈士奇犬，一口气报名三支队伍参加了1910年的比

活力四射的哈士奇

赛，结果分别获得了第一、第二及第四名。接下来两年连获第三，第四年获第二，第五年又再夺回第一名宝座。

大约在1900年左右，一个叫LEONHARD SEPPALA的年轻人来到阿拉斯加这块充满挑战的新土地。他不但精于驾驶狗雪橇车，对雪橇竞赛也极有兴趣。他在朋友鼓动下，他决定参加一场第一次雪橇竞赛前的暖身赛。

这场暖身赛正在进行之际，原本领先的SEPPALA的雪橇队不久就被另一竞赛队伍追上，就在他准备按规定礼让之时，天空中突然出现一只秃鹰，引起了狗群的注意，结果他的狗和秃鹰玩起你飞我追的游戏，狗的速度突然就爆发出来，不但把后面的队伍抛得老远，也因此而获得比赛的冠军。胜利的滋味也让他立刻对这项活动上了瘾，这个滑雪好手日后成为了历史上最有名的雪橇高手。

接下来几年的比赛，SEPPALA并未参赛。1914年主办单位邀请SEPPALA参加第七届雪橇比赛时，他因暴风雪的袭击，中途退出了比赛。

但接下来一整个冬天，SEPPALA展开了一段前所未有的艰辛训练。因上回退出比赛，使他成了没人看好的队伍，他的训练只是默默进行。皇天不负有心人，在后来的比赛中他很轻松地就连赢了三届雪橇竞赛冠军，直到1918年比赛因战争中断为止。后来他虽只能参加一些较小型短程比赛，但他还是走到那里赢到那里，屡破自己的纪录。几年下来，他也因时常有一些救人义举的英勇事迹传出，使他成了人们称赞与羡慕的英雄人物。

1925年1月，NOME地区居民遭到白喉疾病侵袭，第一个感染的小孩死亡之后，病毒也很快就传播开来，所需血清很快就用完，极需马上运回血清使用，可是最接近可供血清的城市是 1528 千米外的 ANCHOPAGE，只能用火车将药品运送到距离目的地还有 1057 千米的 NENANA，两架当地直升机，因三个飞行员都返回内陆避冬，最后只有靠雪橇来运送这段距离。这段在正常天候时，美国邮差雪橇队得花 25 天才能抵达，但因状况非常紧急，感染的人迅速增加，受托运送补给药品的 SEPPALA，决定和八个雪橇队以轮替接力、方式来完成此任务。结果在冬季的恶劣天候下，只花了五天半时间，便顺利将药品运回，在 1046 千米的全程中，SEPPALA 的西伯利亚哈士奇雪橇队独立完成了 547 千米，其他队伍无人可运送超过 85 千米，事后，SEPPALA 成了举世闻名、最伟大的雪橇驾驶人，华盛顿州的议员还建议国会将此事迹列入国会记录中，在记录中指出：大家都以为雪橇犬的速度与耐力极限，在阿拉斯加的雪橇竞赛中已发挥到极点，其实竞赛所提供的高额奖金，和这次的药品运送过程相比，很明显地就没有那么刺激了，因为人道精神成了参加者的动机，而人命则是最好的奖品。

雪橇英雄——TOGO

TOGO 大概是 1915 年或 1916 年出生于位于阿拉斯加的 Seppala's kennel，TOGO 是前面提到最佳雪橇驾驶人 SEPPALA 的爱犬，其父亲犬是当时使 SEPPALA 中途退出比赛，却又立即在以后连续三年雪橇比赛中赢得冠军的领队犬 SUGGNN。TOGO 是独子，没有同胎的其他伙伴，因此从小个性就很孤僻，有时候很安静，有时候又捣蛋活泼得很，实在不是能得主人欢心的乖宝宝。所以 SEPPALA 就把它送给一个朋友饲养，结果没几个月，捣蛋的 TOGO 令主人觉得吃不消，只好把 TOGO 物归原主，当时它只不过才 6 个月大。TOGO 被送回后，SEPPALA 又把它送给一位想养宠物的女士，虽说得到新主人全心全意的关爱，但这家伙却老是扯断链锁，或是跳窗而逃，回到 SEPPALA 的住处，最后 SEPPALA 终于受不了它的行径，决定把这个小麻烦留在身边。

大概是很高兴能重返家园，TOGO 整天都兴奋地奔跑在皑皑白雪之上，或是未被套上鞍绳地跟在接受训练雪橇队旁边乱跑，这个活动让 TOGO 玩得很带劲，可是 SEPPALA 却是不耐烦得很，因为 TOGO 渐渐养成一个坏习惯，老是爱跑到雪橇队前方等候，当队伍经过时趁机扑上咬其中一只狗的耳朵，然后赶快一溜烟地逃个无影无踪。

当 SEPPALA 开始计划一个远程的旅程时，为了不让爱捣蛋的 TOGO 跟队，就故意把它关进一个有七尺高铁线围栏的畜栏里，还特别交待看管的人，要特别注意它的举动，等两天之后，确定雪橇队已经走远，才能让 TOGO 出来活动。当 SEPPALA 驾着雪橇队离开时，TOGO 表现得很异常，冷静得看不出对被留下来有什么失望的样子。就在当晚，TOGO 又展开脱逃绝活，一跃而起，几乎成功，可是它的后腿被铁栏钩住，倒挂在围栏外，管理员听见

异状，出来查看，发现TOGO的腿受了重伤而流血，管理人赶紧剪断绳子，这个小捣蛋一被放下地面，不顾脚伤竟一溜烟就消失在黑夜之中，一心只想追上已离开一天的雪橇队伍。在半途过夜扎营的SEPPALA，次日天刚破晓，就又驾着雪橇队赶路，但他觉得整个队伍的速度突然变得快了许多：心想大概狗队嗅到驯鹿的味道，才加快步伐追赶，太阳渐渐升起，SEPPALA看到雪橇队的最前方似乎有一只狐狸，仔细看时他简直不敢相信那就是TOGO。当时TOGO就像领队一般，又一次对着雪橇队的领队犬咬耳朵，就这样捣蛋了一整天。到了晚上SEPPALA只好尽力为它包扎好脚伤：心中盘算明日如何对付这只才8个月大的捣蛋大王，不过除了把它上鞍之外，也没有更好的办法了。

依照惯例，SEPPALA把TOGO套上雪橇狗专门的“马具”，让它尾随队伍的后面，以便自己能看到这个小家伙，这也是一种训练雪橇狗新手的习惯做法。可是TOGO似乎不情愿这样做，还是咬旁边狗的耳朵。SEPPALA最后只有把TOGO放到和头狗一样的位置，让人吃惊的是，这次行程有67英里。对于一个只有8个月的小狗来说是绝无仅有的。自此后，TOGO就成为SEPPALA最喜爱也最信赖的雪橇犬。

1918年以后，TOGO开始成为唯一的领队犬，带领着它所属的队伍赢得无数冠军，据SNPPALA估计，这只赢得世界上跑得最远的雪橇犬荣誉的TOGO，一共大概跑过8041.5千米之远。1925年时，SEPPALA著名的为血

至今人们也没有忘记哈士奇的功勋

清而跑事迹，靠的就是这只早已享有盛名的 TOGO 担任领队犬，当时已十岁左右的它可说年事已高，这次的运送任务也成了它的最后一次长距离之旅。事后，TOGO 因而瘸了腿，无法留在雪地生活，SEPPALA 便把它送给当时住在缅因州的一位女士，让它能安享晚年，直到 1929 年 12 月TOGO 才去世。虽然在它最后一次的雪橇之旅后，记者没有正确的把它的功劳予以表彰，而是张冠李戴地把功绩归给另一只叫 BALTO 的狗（只因那只狗较年轻，名字给人印象较甜美），而反在纽约中央公园为纪念此雪地英雄的碑文，仍然没有予以改正，让许多人为其大抱不平，但所幸的是，狗所为人做的一切并非为了功名。TOGO 的事迹仍然得到了人们应有的尊敬，在它死后，它的遗体被带到耶鲁大学做特殊处理，以便长期保存，和其他名犬一起在博物馆展示，最后它的遗体存放在佛蒙特州的博物馆里，每年夏天都会有无数犬迷前往凭吊，并以默念刻在纽约中央公园中之碑文，向 TOGO 致上最高的敬意。

哈士奇的故事

雪橇犬的团队也像狼群一样，有一位领导者（有时候被称为“王”），专门负责协调团体的行动。其他的雪橇犬几乎只注意领导狗的指挥，实际上不太注意驾驶雪橇的人类，这说明了为什么很多故事都描述驾驶人跌下雪橇，或者无法迅速爬上雪橇时，雪橇犬会径自把雪橇拖走。北极地区内的印第安民族部落中，例如伊努族（Inuit），以及北方高地中，雪橇犬都扮演了极重要的角色，因此流传了许多事迹，甚至被编成民间故事。

人、狗和雪橇的关系在寒冷的北国可说是唇齿相依的铁三角，他们共同合作，对抗暴风、寒冷和大雪。诗人詹姆士·威廉在他的短篇小说《冰雪的教训》中，为这种黄金阵容做了一段美丽而动人的描写。

威廉深刻的体验了和阿拉斯加的爱斯基摩人以及雪橇犬的共同生活，打开了人们对这个未知世界的视野。他刚抵达这个白亮的世界北端时，完全沉醉在他所谓的“北极美景”中：这些狗为了即将上场而狂喜不已，它们奋力飙驰，富有节奏的步伐拉着雪橇。它们似乎在整个冬天都强忍饥饿，想要趁这个时节饱餐一顿味美的鲜肉。它们肩并着肩，沉稳快速地奔驰着。雪橇在雪地上疾疾速行，几乎像是浮在冰面上飞行。

但这种出尘的美丽雪景，很快就变成陷阱，而威廉也察觉自己正身陷网中。他的朋友奥刚古克在他们要出门猎海豹前，已经警告过他将狗绑紧，并将雪橇牢牢固定。

在狩猎回程，威廉发现他的雪橇不听使唤，雪橇横冲直撞，用来绑他的狗和雪橇的绳索也渐渐变松，狗队长在松绑后就逃掉了，剩下来的几只也陆续挣脱，或是和雪橇上的配备纠缠在一起。七只狗有三只已经挣脱，在那儿追逐逗玩；另外两只则被自己身上的皮索缠结住，忽快忽慢地前跑后跳，想要挣开这个恼人的束缚。

被围困在北极冰雪地上和白亮的空山中，再也不会有比这更糟的事情发生了。威廉转过头，赫然发现那只领队狗竟然是把身上的皮带给咬断后才得以逃脱的。甚至，“它把绑它的绳子都咬断了。当它自由后，就接着把别的狗身上的皮带也咬断，好帮助它们脱逃。”

或许还有一些希望，他想，如果他能够把那只狗队长给搞定的话。夜晚来临时，他下定决心，非把那只发神经的狗给制服不可。他用前所未有的坚定意志瞪着那只狗，斩钉截铁地说：“我一定会抓到你的，你这家伙除了束手就擒，别无选择。”

一切如他所愿，狗队长向他的意志让步，而其他的狗也跟在狗队长后面一一归队。奇迹似的，威廉驾着狗队，在黑暗中回到爱斯基摩小镇。镇民仿佛见到奇迹似的，一传十、十传百地欢迎他，毕竟所有人都认为，他是不可能再回来的了。

威廉写到：

当晚，用完一顿鲜肉大餐后，我走出门外，在满天星光之下，望着那群身在夜幕中的狗。这镇上共有八百多只狗，使得各处传来或高亢或低沉、此起彼落的叫声。感谢老天，我终于回来了；当然，更得感谢的是这群狗。尽管它们的疯狂令我差点命丧黄泉，但要是没有它们，我是万万不可能回来的。

哈士奇的传说

在西伯利亚白令海峡岸的尤尼萨克，当地的爱斯基摩人相信狗是神祇“哈凡”和它的妻子所生，由哈凡坚硬的指爪形塑成如此的形状。另一个神话来自西伯利亚的楚克奇人，他们则认为，造物者是用木头来制造狗：“于

具有大树般坚毅精神的狗

是有一天，这种具有大树般坚毅精神的小狗，将拖着由人驾驶的雪橇在雪地奔驰。”

北方国家普遍流传一个将狗视为自己祖先的神话。以西伯利亚的蒙古人而言，他们相信自己的祖先是狗，或起码是被狗喂养大的。不过，也有一种跟此恰成对比的说法，那就是爱斯基摩的妇女授乳给小狗，就像是在喂自己的亲生小孩一样。

另一个西伯利亚民族，布瑞亚人则宣称，很久以前，男人刚出生时，其实是一只小狗，而女人出生时则就具有女人的模样。故生命是来自狗，同样“生命也归于狗。”意指这种神奇的生灵，被授予生与死的大权。

西伯利亚的雅尼赛人，则叙述他们是如何发现自己的第一个“死亡”。

当造物者听到人类的哀泣时，派了狗去安慰他们，并教人类如何使死去的人得以复活，不过，一如其他诸多神话中，狗总是健忘的一样，这只狗也不例外。它一来到人间，就忘了此行的目的，不但没有告诉人类该死而复生，反而教给人类土葬的艺术，这使得人类透过葬礼仪式来正视死亡的存在，并将死亡视为自然法则。

西伯利亚的萨满人信仰有首赞美狗的记忆的歌，歌里的狗有个好记性，它永远不会忘记它曾做过的事，忘记它的身份以及生命与死亡的真谛。当萨满人看到狗在凝望某人的墓碑时，会唱道，“啊！看看这只狗；它双足交叉地站着，向后凝望。”身为人类的我们，何尝不是如此。

影片中的哈士奇

狗的票房号召力正在直线上升，人类最忠实的朋友——狗，曾在大银幕上创造过无数经典形象。像《101斑点狗》、《猫狗大战》、《爱情是狗粮》等都是这种友善的动物当之无愧占据“影幕第二主宰者”宝座的有力佐证。此外，如《面具》、《我为玛丽狂》、《加菲猫》等诸多影片中狗的地位举足轻重，随着养狗人口在全球范围内的增长，上述银幕经典狗星的形象不断深入人心。

◆《冰狗任务》

特德是迈阿密的一名牙科医生，某天他接到一份神秘遗嘱，要他到阿拉斯加去接受一份点名留给他的遗产。特德于是兴致勃勃地从炎热的迈阿密千里迢迢地来到了冰天雪地的阿拉斯加，满心期待着自己从此成为阔佬，没想到等着他是当头一盆冷水——这份遗产并不是什么价值连城的证券或珠宝，因为留给他的居然是8只雪橇狗——其中有7只是哈士奇犬另一只则是柯利牧羊犬，这八只顽皮的雪橇狗各有各的个性，它们的名字分别是Demon、Nana、Diesel、Scooper、Yodel、Sniff、Mack以及Duchess。这是一支由8只优秀的狗组成的世界上最好的狗拉雪橇队，更糟的是脾气暴躁的看山人桑德对特德那副油腔滑调的纨绔作风十分的看不顺眼，他命令特德马上带着他的“财产”离开。为了证明自己够格拥有这群雪橇狗，一气之下，特德竟然做出了一个非常荒诞的决定，他要带着这只雪橇队完成世界上最艰难的狗拉雪橇比赛……

冷酷到底

《冰狗任务》海报

◆《决战冰河》

迪士尼《决战冰河》(Iron Will)这部电影是在1944年发行，本片改编自真人真事，是部动作冒险励志片。

哈士奇常成为影坛中的主角

本片的故事发生在第一次世界大战期间，主角是一位即将成年的少年 Will Stoneman，由于欧洲战事吃紧，美国也已经参战，但是美国本地的年轻人对未来都有一种不确定感。住在大雪纷飞的环境里，Will 的父母始终希望 Will 能去大学就读，父亲更为此积极筹钱，但是却在一次意外当中父亲不幸溺毙，Will 大受打击，面对母亲为了家计决定卖掉木工厂房设备的窘境，Will 于是决定参加跨国举办的雪橇越野大赛，他带着父亲留下的狗儿们背井离乡，展开为期数周、跨越美加共 804.15 千米的长程比赛，面对其他选手无情地打压和破坏，Will 却是愈挫愈勇，丝毫不屈挠，他的勇敢与毅力在一位报社记者 Harry Kingsley 的大力报道之下，成为美国全国的焦点，这位少年的毅力无疑是为当时处于混沌迷惘局势的美国人，打了一剂强心针，全国都在为这位传奇的“Iron Will”加油，希望他赢得最后的冠军，最后在大家瞩目之下，Will 终于不负众望，克服万难赢得了最后的荣耀！

◆《南极大冒险》

《南极大冒险》翻拍自1983年日本的惊世之作《南极物语》，这部改编自真人真事的南极冒险影片，当年在日本上映引起了极大轰动，除了影片中壮观的南极冰雪世界和惊险的逃亡场面外，对面临危难下人性的复杂表现刻画也极为深刻感人，令人回味不已。尽管影片还是很难逃脱一些俗套剧情的纠缠，但真实的故事基础则成为影片的最大卖点。而演员们与不会说话的八条四足动物相互配合的默契且有出彩的发挥，也相当值得人们期待！

为了搜寻一块坠落在南极岛上的神秘陨石，一支由三个科学家组成的探险队开始了他们的南极探险之旅。探险小组包括杰瑞·夏洛德，他最好的朋友库珀以及一个性格古怪的美国地质学家。去南极考察探险，当然离不了在雪地上行走的特殊工具——雪橇，以及人们的忠实伙伴雪橇犬。并且，这八条“精明能干”的雪橇犬都像它们的人类同伴一样，都各自拥有自己的头衔和称号：领头的“玛雅”、忠实的“矮子”、老实“老杰克”、力气大的“杜鲁门”以及奔跑速度极快的“影子”等等。

初登南极这块冰雪覆盖的土地，探险队员们都被眼前美丽的景色所吸引，然而，他们却丝毫没有预想到，随着对极地的慢慢深入，更加恶劣的天气以及极为凶险的自然环境将带给他们越来越多的麻烦，甚至是对生存的极大挑战。果真，在乘着狗拉雪橇前进几日之后的他们遭遇了一场空前的暴风雪，温度自然也是急剧下降。队员们对眼前的状况有些准备不足。其间，更加危险的一幕也“适时”地发生了——其中一名队员不慎踩破了薄冰，掉进了刺骨的冰水当中，还好有勇敢的雪橇犬相助，及时地将绳索送到落水队员手中，以便队友将其拉出险境。然而，眼前这场突如其来的猛烈的暴风雪却真的无法躲避了。阻断了他们的前进之路不说，几个人的生命也受到严重的威胁。无奈之下，眼看风雪越来越凶猛的队员们只能被迫放弃一路上帮助他们的伙伴——雪橇狗，让其各自逃命去吧。

《南极大冒险》剧照

被抛弃的雪橇狗们拼命挣脱绳索以从雪崩

中逃生，为了生存下去，它们挣扎着互相依靠，共同抵御严寒积雪的同时，还要为了填饱肚子与身形庞大的海豹搏斗。此时的八条雪橇犬就像生死一线的好兄弟一般，相互支持着。探险队的一行三人终于安全返回了基地，但冰雪中雪橇狗们拼命前行的景象却一直缠绕着他们。终于，他们抵不过良心的谴责，三个人同时决定，无论冒着怎样的危险，都要将他们忠诚的伙伴们拯救出冰雪严寒。破冰船再次启动，直升机也隆隆作响，全地形车更是快速地在茫茫极地上奔驰着。坚强的雪橇犬们在冰天雪地中更是以超凡的毅力度过了漫长的时间，终于等来了人类朋友的营救。

哈士奇犬种标准

犬种标准是判定纯种狗素质的参考依据。犬展中审查员通常采用 AKC 标准，该标准对哈士奇的犬种特征有着统一规定。

整体外貌

哈士奇犬是体形中等的工作犬。其行动敏捷，步伐轻快，身体结实，被毛厚，耳朵直立，尾像刷子一样，它是一种生活在北方的犬种。哈士奇犬的特征之一是步伐轻快而有力。最擅长长途行走，但负重不能过多，适宜以中等速度行进。身体的结构反映了力量、速度和耐力的平衡。公犬具有雄性气概，但不粗壮，母犬比较清秀，但不瘦弱。在正常情况下哈士奇犬不能过度负重。

大小、比例和结构

公犬身高 53.3～59.7 厘米，母犬身高 50.8～55.9 厘米；公犬体重 20.41～27.12 千克，母犬体重 15.88～22.68 千克；体重与身高成比例。犬的身高体重处于标准的上下限并不理想。骨骼过大或体重过重都是缺点。从侧面看，身体的长度比身体的高度略长，比例约为 12：11。公犬高于 59.7 厘米，母犬高于 55.9 厘米都不符合标准。

头部

表情 热心，友善，好奇心强，淘气。

眼睛 眼呈杏仁形，中等大小。棕色、蓝色或两种颜色混合都可以接受；缺点表现为两眼过于倾斜，过于靠近。

耳朵 中等大小，三角形，两耳靠得较近，耳位高，耳厚且毛多，耳背部稍呈拱形，耳直立，耳尖稍圆，指向上方；缺点表现为与头部相比耳过大，两耳距离过大，不是直立。

颅骨 中等大小，与身体大小成比例。顶部略圆，从最宽处向眼睛逐渐变细；缺点为头颅过大，显得笨重，头部轮廓过于分明。鼻梁轮廓清晰，由凹点到鼻尖端呈直线。缺点为鼻梁不明显。

吻部 中等的长度和宽度；鼻到眼的距离等于眼到枕部的距离。吻部向鼻尖逐渐变细，鼻前端不突出，也不呈方形；缺点为吻部过长或过短。

鼻子 灰色、棕褐色、黑色的犬其鼻为黑色，紫铜色的犬其鼻为

肝褐色，纯白色犬其鼻可为肉色；有粉色条纹的“雪鼻”可以接受。

嘴唇 紧闭，颜色深。

牙齿 呈剪状咬合，排列紧密。缺点为非剪状咬合。

颈部、背线和躯干

颈部 中等长度，拱形，站立时直立，当快步走时，颈部伸长，头向前倾；缺点为颈部过短、过粗或过长。

胸部 胸深而强壮，但不太宽，最深部与肘部水平并在肘后。肋部伸展但侧面平有利于前肢运动；缺点为胸部过宽，桶状胸，肋部过平或无力。

拱形颈，水平的背线

背部　直而强壮，背线水平，中等长度，既不粗矮也不松弛。腰部肌肉少而结实，比肋部细；腹部内收。髋骨与脊柱成直角，不妨碍后肢运动；缺点为背部软弱，呈拱形，背线倾斜。

尾巴

尾根位于背线稍下方，被毛丰满，像狐狸尾巴。当犬注意力集中时，尾上翘高于背部，呈镰刀形。当尾向上翘时不偏向背部的任何一侧。犬休息时尾自然下垂。尾部的毛长度中等。顶部、侧面和尾尖端的毛长度相等，像一把圆的刷子；缺点为突然向上折起的尾，羽状尾，尾根过高或过低。

前躯

肩部　肩胛骨向后伸展，上臂略向后倾，不与地面垂直。连接肩部与肋部的肌肉、韧带十分坚固，发达；缺点为直的肩，不牢固的肩。

前肢　当犬站立时，从前面看，两前肢直立、平行；肘部靠近身体，不外展也不内翻。从侧面看，前脚跟略倾斜，前脚跟关节强壮而灵活。骨骼牢固但不重。从肘到地面的距离稍大于从肘到肩隆的距离。前肢的狼爪可以去除也可以不去除；缺点为前脚跟无力，骨骼过重，两前脚距离过宽或过窄，肘外展。

脚爪　呈卵圆形，中等大小，结实，脚趾之间有毛，肉垫厚而硬。当犬自然站立时，脚爪既不外展也不内翻；缺点为脚爪尖张开，脚爪过大，笨拙，脚爪过小，脚爪外展或内翻。

后躯

当犬站立时从后面看，两后肢平行。大腿肌肉发达强壮，膝关节弯曲，跗关节部轮廓清晰，离地面近。如有狼爪必须去除。缺点为直的或牛样膝关节，两后肢之间的距离过宽或过窄。

被毛

双层被毛，被毛长度中等，被毛不影响整个身体清晰的轮廓。下层毛密，柔软，有足够长度可以支持上层毛；上层毛直，平滑，不粗糙，不直立于身体上。在褪毛季节没有下层毛是正常的。允许修剪胡须和趾间的毛以保持整洁，不可以修剪身体其他部位的被毛。缺点为被毛粗糙蓬乱，毛的质地过粗或过细，修剪除胡须和趾间以外部位的毛。

颜色

允许从黑到纯白的所有颜色，头部斑块多种多样，甚至可以有其他犬种所没有的斑块类型。

步态

步态流畅轻快。在参加犬展时，牵引绳要放松，以轻快的步伐来展示伸

丰富的色系配合多样的斑块更为彰显个性

展的前躯和有力的后躯。当犬以较慢速度行走时，足迹不在一条直线上；当行进速度加快时，四肢逐渐靠拢，足迹逐渐集中于身体长轴中心线在地面的投影线上。这时前后肢是直的，肘关节和膝关节既不外展也不内翻，每侧后肢沿同侧前肢的足迹前进。犬在行走时背线保持水平。缺点为步幅短，步态腾越，不连贯，笨重，摇晃，交叉或斜行。

行进中的哈士奇背线始终保持水平

性情

友好，温和，机警，开朗，并喜欢交往。对陌生人不多疑，对其他犬不表现出攻击性。成年犬可表现出谨慎和威严。哈士奇犬的聪明和热心使它成为很好的伴侣和工作犬。

综述

优良的哈士奇犬体形中等，身体各部位比例协调，动作灵活，被毛、头、耳、尾和性情均符合标准。体重过重，步态笨拙缓慢，被毛粗长均为缺点。哈士奇犬既不能过重也不能过于瘦弱。无论公犬还是母犬都必须有极强的耐力。除了上面提到的缺点外，如有犬常见的身体构造方面的缺陷也不理想。

失格条件

公犬身高超过 59.7 厘米，母犬身高超过 55.9 厘米。

哈士奇评审图解

通过对哈士奇各式各样部位的解构，有助于我们正确认识和评价犬只……

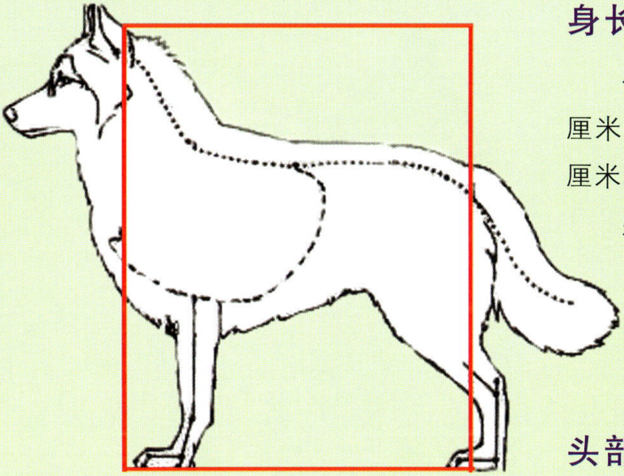

身长、身高比例图解

公犬身高 53.3～59.7厘米，母犬身高 50.8～55.9厘米。

身长略大于身高。

头部图解

良好的头部（正面）

良好的头部（侧面）

头部过大

头部过狭小

颈部图解

正确的颈长

过长过细的颈

过粗过短的颈

吻部图解

正确的吻部中等长度(鼻到眼等于眼到枕部距离)

不正确的嘴又短又宽

牙齿图解

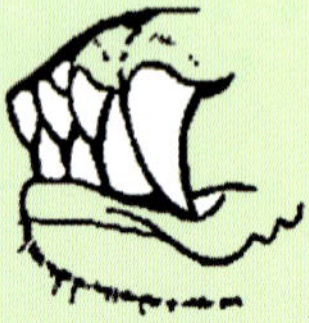

正确的剪状咬合

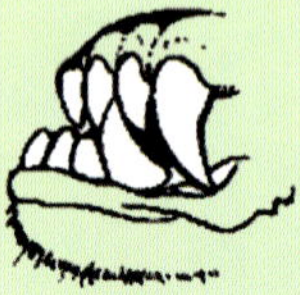

下颚过长

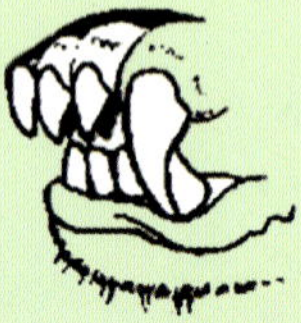

上颚过长

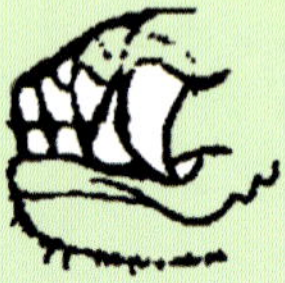

咬合太平坦

眼睛图解

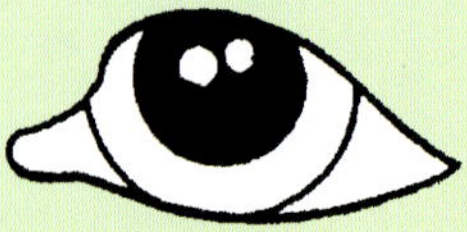

正确的杏仁形

不正确的圆卵形

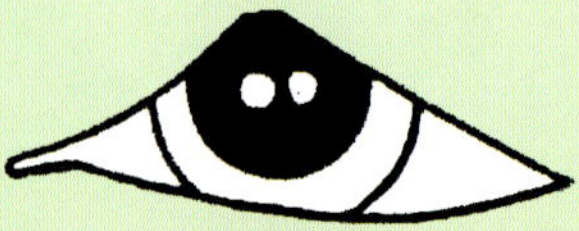

不正确的三角形

耳朵图解

正确的耳位及形状

不正确的耳朵(耳位低)

不正确的耳朵(耳过大与头部不协定调)

前躯图解

正确的前躯结构及角度

步态图解

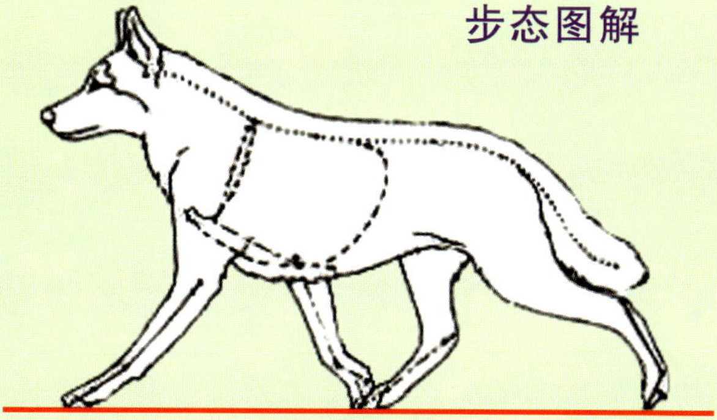

正确的步态(正面)

后躯图解

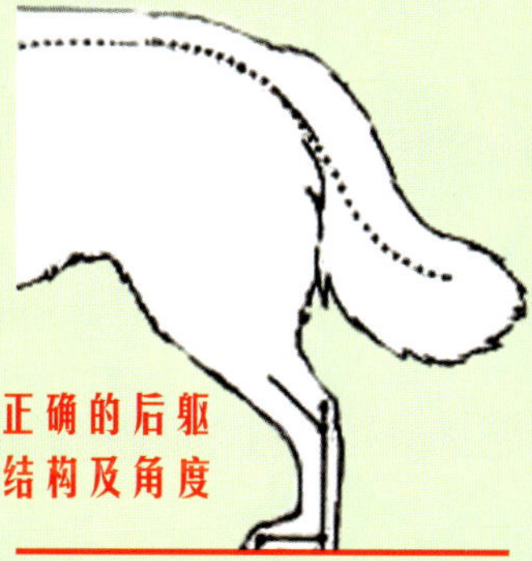

正确的后躯结构及角度

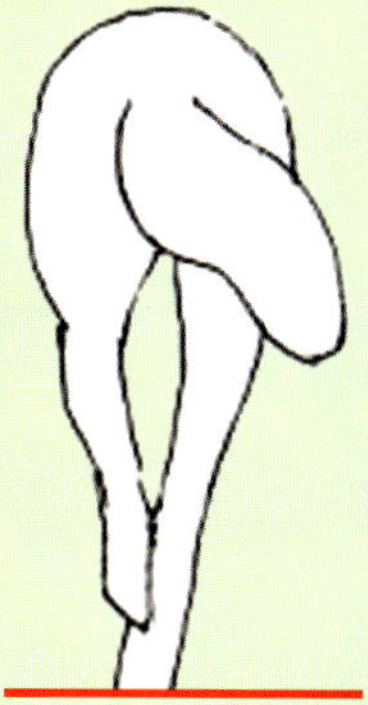

正确的步态(侧面)

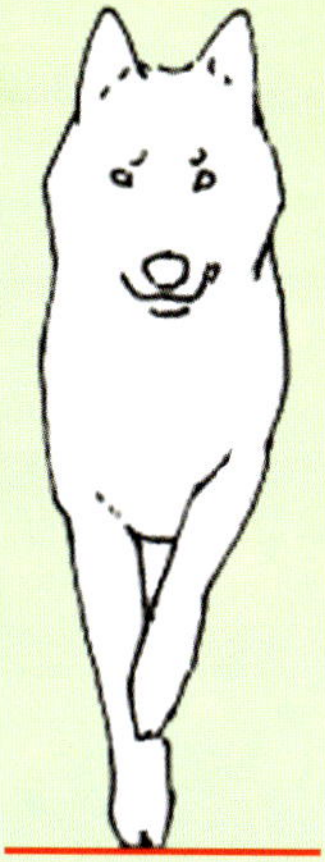

正确的步态(前面)

哈士奇的参展

在犬展上，养犬爱好者聚在一起，展示繁殖、改良和训练的成果，大家共同欣赏观摩、相互学习、以犬会友……

犬展的分类

犬展按级别可分为国际性犬展、全国犬展、区域性犬展及各俱乐部（协会）本部展。这些不同级别的犬展按规模还可分为全犬种展和单犬种展。全犬种展分为运动犬组、猎犬组、工作犬组、㹴犬组、玩赏犬组、牧畜犬组等。单犬种类如哈士奇单独展等。

美国西敏寺犬展 西敏寺犬展起源于一个世纪以前，那时，纽约的一些养犬爱好者经常聚集在西大教堂(西敏寺)饭店举办各种交流活动，并一起组织策划了第一届纽约犬展。1930 年，哈士奇俱乐部得到了美国俱乐部的正式承认。现代的西敏寺犬展几乎成为当今世界最高级别的犬种展示比赛，世界各地的名犬都以在西敏寺犬展中夺魁为最高荣誉，报名参赛的犬只无一不是身经百战的各地冠军名犬。

英国克鲁夫特犬展 克鲁夫特犬展是由狗饼干供应商查尔斯·克鲁夫特于 1886 年首创，是英国规模最大、规格最高的全犬种犬展，每届犬展都吸引了全球各养犬俱乐部或协会参与。1982 年起，克鲁夫特犬展比赛时间为 3 天，1984 年犬展时间已经达到了 4 天，并且有更多的观众和比赛犬只参加。现在所有世界级比赛当中，克鲁夫特犬展的规模最大。

意大利米兰犬展 意大利米兰犬展也是世界上最具特色的几大犬展之一。和其他重要的犬展不同的是，米兰犬展的参赛者除了那些专业的养犬者以外，更多的是业余的养犬爱好者和名犬发烧友。他们之中有来自意大利本土的，也有来自欧洲邻近各国的。

中国犬展 我国的犬展历史较短，20 世纪 90 年代末期方才由一些个别城市的养犬协会小规模的举行，在全国范围内影响不大。随着养犬业的发展，各大中城市纷纷成立犬协或俱乐部，各协会、各俱乐部之间加强了沟通，与国外许多犬协或俱乐部的交流与合作也得到了加强。近两年，北京、上海、深圳等地的犬展已成为目前国内规模较大的犬展，在海外也有了一定的影响力。海外的一些犬舍也纷纷选送一些优秀犬只前来参加展示。

犬展的分组方法

不同的犬展，它的分组方法是不同的，犬主必须仔细的查看赛事指南。现在国内犬展一般是采用的美国养犬俱乐部（AKC）和世界畜犬联盟（FCI）的赛事分组，以及各个当地协会制定的赛事分组。如果赛事是按美国养犬俱乐部（AKC）的标准的话，所有犬只分为七大组群，如果是按世界畜犬联盟（FCI）的赛事分的话，所有犬只分为十大组群；在此基础上，同犬种又分为公、母两组，然后依月龄的大小又分为幼犬组（3～6 月龄、6～9 月龄）、青年犬组（9～12 月龄）、成犬组（12～18 月龄、18 月龄以上）数组。国内大多数的犬展的赛制都是组织者根据 AKC 和 FCI 赛制结合实际情况设立的。

单独展分组方式有许多种，但通常是分公、母两组，而后又根据月龄大小分为特幼组、幼小组、幼犬组、未小组、未大组、冠军组数组。

赛事大都采用 AKC 或 FCI 赛制

相关链接

犬展常用术语

BIS	全场总冠军
RBIS	全场后备总冠军
BPIS	全场幼犬总冠军
BJPIS	全场特幼犬总冠军
KING	最佳公犬
QUEEN	最佳母犬
BIG	犬组群冠军
BOB	单犬种冠军
BOS	最佳相对性别
WD	单犬种优胜公犬
WB	单犬种优胜母犬
BOW	WD 和 WB 之中的获胜者
BISS	单独展的全场总冠军

裁判审查方法及要点

参展者按组别凭号码牌入场后，先依次进行个别审查，由评审员对参展犬只逐一检查其牙齿、咬合、骨骼、睾丸等是否健全，是否具备参赛资格后，再做比较审查。由指导手牵引参展犬只绕行审查场，进行步容、立姿、秉性及动态、静态等审查。除了根据各部位标准来评分外，尚要注重整体的均衡及动态的美感，来决定谁能从中胜出。

参展前的训练

如果你有一只资质不错的哈士奇，并想在犬展上有良好的表现，那么你必须根据犬展的要求，对你的爱犬进行严格而系统的训练。一只哈士奇在犬展上能否获得裁判青睐，关键在于它的静姿和动态是否完美。所以平时对它进行定姿和步态的训练必不可少。

赛场良好的表现来自平时系统的训练

定姿训练 在评比中，除要观察哈士奇的外貌是否美观外，其站立姿势的好坏也是能否取得优胜的关键。因此，平时就要训练犬摆出良好的姿势，为参展作准备。为此，可利用犬怕跌的心理，在一块面积较小并高出地面的地方，用小桌或一块垫高的木板进行。首先将哈士奇抱到小桌上，让它的后腿靠近小桌的边缘部分，松开手，犬由于怕跌，四肢发软想趴下，这时我们要一只手托住它的前胸或下巴，另一只手轻轻向上扶着犬的尾部，注意不能拉尾毛，以免引起疼痛。托着前胸的手也配合着向前推，使犬不能坐下。当犬发觉后腿将失去支撑，再后退就要踏空时，就会本能地把身体向前倾，向上挺起，前肢踏实，脚趾收紧，呈现出一种四肢挺直、昂首挺胸的标准姿势。只要把这种方法重复多次，犬就可学会，以后即使站在平地上，只要我们扶住尾巴向后牵引，犬便会反射性摆出标准的优美姿势。

步姿训练 哈士奇的运步应行动轻快，步幅大小适中。步姿训练一般有三个方法：一是用语言发号施令；二是用绳子等物件传递信号；三是通过手或身体等形体动作进行训练。如果能同时运用这三个办法,那就更好了。刚开始训练时,小犬常常不能理解口令的意思,这时用手或犬绳等辅助手段,能较好地传达训练的目的。训练时,主人应自始至终保持命令的一致性,并采用正确的牵犬方式。

无论任何时候,先迈出左脚,同时作出“走”的命令。由左脚来引导犬的行动;停的时候先停下右脚,然后把左腿并上来,同时作出“停”的命令,动作要流畅。在赛场上哈士奇容易在转弯时步姿出错,下面将分别详细介绍几种转弯的训练。

行进中人犬完美合一

向右后转 这一训练动作的目的是为了阻止犬无论何时都一直要走在前面。先踏出左脚然后向右转，左脚迈出的步子应为小半步，这样转起来就比较方便。在带犬外出时，尽量避免出现途中停下等待犬或强行把犬拉到身边等现象。

向左转 在犬稍微走到前头或突然加快脚步的时候，可以采取这种方法来纠正。向左转时与犬撞到一块，可以使其恢复到原来所处的位置。具体

通过牵引绳控制步幅

的步伐调整方法为，踏出右脚，以此为轴心，向左转 90° ，使左脚能撞上犬为宜。如果习惯犬跟在右侧的人，则向右转。

向右转 在犬脚步缓慢，或虽跟在主人身后，但位置不正确的时候采用的纠正方法。迈出左脚，以此为轴心向右转 90° ，然后再迈出右脚。如果习惯犬跟在右侧的人，则向左转，要领与向右转一样。

赛前的准备

决定参加犬展后，当然希望爱犬能以最佳状态参展而一举成名，那么赛前有充分准备可以使你信心十足。根据一些哈士奇饲养专家的经验，应做好如下准备：

1.参展犬在赛前已预防接种，不然易感染某种传染疾病。

2.在参赛前应请专业美容师按展示要求进行精心整理。

3.犬体的整毛应于赛前一星期完成，如此可让犬只显得较为自然而不留下生硬的痕迹。

4.若犬展在远地举行，最好提前一天到达，缓和因长程旅途引起的疲劳。

5.犬展当天应提早到会场，先找阴凉地方稍事休息，并避免日晒过度。

6.参展当日犬只给食量减半或空腹，以免参展中途呕吐而影响精神。

7.准备犬只饮水及其训练用精美食物。

8.做好赛前准备工作，适应会场环境。

9.不要殴打或恐吓，以免怯场。

10.保持轻松，并注意服装的整洁及保持个人风度。

赛场牵犬技巧

在参赛之前，可根据哈士奇的犬种标准及评审标准来评估你的爱犬，若越接近标准，则优点越多，获胜的可能性也越大。但没有一只犬是绝对完美的，因此指导手就要把犬的优点表现出来，而把缺点用技巧掩饰起来，让犬只在审查员面前呈现出最吸引人的秉性与气质，而获得好的成绩。指导手可以是犬主自己，也可以聘请专门的牵犬师。

◆定姿审查

当审查开始时，就要做个别审查，此时你就要依顺序摆好姿势接受审查。指导手要以最完美的方式在最短时间帮助哈士奇做好定姿动作。将一只手放在犬的胸下部以抬高前端，然后将手移至颈部以做出正确的头部姿势，同时另一只手尽可能地调整后腿和尾巴，要像是爱抚狗而不是摆布它。轻触狗的最后一根肋骨下方，能使它收紧腹部肌肉，以达到最佳效果。

要以最短时间展示最完美的定姿

◆步姿审查

在步姿审查中裁判希望看到的是步伐从容轻快、有弹性的犬。调教者有责任提供足够的空间和自由，让狗以正确

前躯伸展不够，步伐不够协调

自由的行动，轻快和谐的步伐

的姿势跑动，同时自己行动时也不能阻碍狗。调教者必须选择跑动的线路，指导手应该先熟悉场地。

要使狗的步伐达到最佳效果，需要先测定其小跑的速度。在家中练习时，可以请有经验者在一旁辅导。确定犬的正确步幅和皮带长度是非常重要的，最优秀的指导手和犬一起在场中表演时，会如隐形人般，让犬看起来似乎是完全自由地行动，实际上，这也是所有调教专家追求的目标。

虽然指导手与犬应以和谐方式跑动，但要当心跑动时不要模仿犬的步伐，因为犬可能会很自然地开始模仿你，并采取类似踩高跷的动作，也可能需要快步行走或疾走，疾走时需要足以胜任的指导手，才能让它们正确地跑动。在跑动时，要确定前面有足够的距离，以使你的参赛犬不会被迫缩短步幅。

除了观察狗的步伐之外，裁判还会评判狗进场和离场时的动作，这时候常常需要以较为缓慢和更“泰然自若”的小跑步，并记住要让狗沿着直线跑动。皮带过紧可能会使得脚步摇晃和后脚如螃蟹走路般呈角度向外摆出，应特别注意。

不同赛场牵走技巧

Ⅰ字形的牵走 所谓Ⅰ字形就是从原点出发走直线，至终点后做180°的旋转再回到原出发点，这也是做个别步容或姿态审查时用的方法，这种走法主要便于审查员观看犬的后肢及前肢的步容和构架。如果你的爱

犬后肢较弱，就要把牵绳放松一点，让犬的重心前移，就会改善许多。走直线时步容要轻快，速度适中，配合指导手的步伐，犬不要离开人太远或靠得太近。到终点旋转时，指导手应以单脚固定，以另一只脚旋转，犬在人的外侧绕圈旋转。如犬走得慢时，指导手可以配合走小步一点。旋转后审查员开始注意犬的正前面走姿，要注意犬的头部，不要让它低着头像老牛拉车似的步容。另外出现牛步时，牵绳可以一松一紧地控制，来改善它的牛步。四肢均衡的犬，牵绳不要过紧，否则容易使前脚踏空，前肢踏空时容易有交叉步容出现，应尽量避免。旋转后，步行至审查员前1米处时应停止，并把姿势摆好。

三角形的牵走 走三角形的赛场，主要是审查员要看犬的侧面步容。此时要昂头挺胸且精力充沛地快步前进，在转弯时指导手应大步急转，以

跟上犬的步调。遇上精力充沛、动作灵活的犬时，可以用 I 字形的转弯法，以免犬走得过快而扰乱步调的和谐。

指导手应跟上犬的步伐，否则会扰乱犬只步伐和谐

圆形的走法 一般圆形的走法是以逆时针的方向做全场的牵走。此种走法大多在整组犬出场后，个别审查之前或之后绕行整个赛场，以做比较审查。由于是整组犬一起走，因此要注意保持彼此的距离，并依审查员的指示，慢慢地加快速度，以最美、最和谐的步伐前进。走得较慢的犬可以较靠内，速度较快的犬可以走外侧或者慢点出发，以保持适当的距离。如审查员示意停止时，立即摆好站

姿，把犬“定”起来，并随时注意审查员的视线，调整方向，以完美的侧面“定”姿对着审查员，切记不可把犬的屁股朝向审查员，否则即使你的犬“定”得再好，也会被扣分。

指导手的工作内容

对比赛犬的管理 这项工作是指导手的重要工作内容，它需要在日常完成。具体包括对参赛犬的训练、营养调配、运动方式、运动时间、毛发打理以及日常美容等等。可以说只有良好的日常管理才能使一只参赛犬拥有良好的状态，因此管理对参赛犬来说是至关重要的。

指导手的工作不止在赛场上

带领犬只参加比赛 这个过程包括对于赛事、赛制的了解，比赛的报名、检录，参赛犬的运输以及与美容师的合作等等，当然这些过程通常不被观众注意。而我们看到的通常是在赛场上牵引比赛犬的表现过程。

指导手的赛场礼仪

接触评审时 在接受评审的个体审查时，不能对评审讲话，但是要行注目礼。除此之外，要始终保持用正面面对评审。

调换位置时 当评审要调换位置时，指导手要从其他人的后面向前走，并且要跟其他人的狗保持距离，以示尊重。

开始起步时 当评审要求全体人员共同跑环形路线时，处于第一位的人应该与最后一位做示意性的沟通，当确定最后一位已经准备好时，才开始起步。

等待审查时 等待审查时要跟前面的狗保持一定距离，这个距离根据场地和狗的大小而有所变化，但是原则上，无论体形大小的狗，至少要保持两倍于犬只身长的距离。

比赛结束时 比赛成绩得出时，应该主动向获胜者表示祝贺，向评审表示感谢。

无论任何时候 无论任何时候，都要保证自己的狗不要接触到别人的狗，并且要尽量确保自己的狗不要影响到其他狗的状态，这是比赛中的原则。

指导手的着装

上场比赛，指导手必须要穿正装。一个有经验的指导手可以从着装上体现美感，展现自我，而且能衬托出参赛犬的魅力。

良好的风度更能得到评审的青睐

服装的颜色要衬托狗的线条 如果你要带灰白色的哈士奇上场，就千万不要穿浅颜色的服装，又如带黄褐色的哈士奇上场，就不要穿黄色系的颜色。否则，就会影响评审的视觉效果，让人感觉狗的线条和轮廓已经被同样的颜色所模糊了。

着装满足比赛需要 服装要尽可能的为比赛服务，例如长度适中的上衣可以展现跑动中的风采，又不会因为飘动的下摆而影响狗的注意力；肥瘦合适的裤子可以让你行动自如，又不会显得臃肿懒散。最重要的一点是在服装的右侧一定要有一个较深的口袋，这个口袋可以放置一些必备的物品，例如吸引狗的诱物，整理被毛的梳子等等。但是要保证在跑动的过程中

良好的着装会让人与狗在评审面前眼光一亮

这些东西不会掉出来。

着装体现个性 着装体现个性，这一点往往被很多人忽视，虽然是穿正装，但是也要包装自己，展现个性魅力。例如在样式、颜色、细节上可以融入时尚细节，让观众和评审对你过目不忘，这样就能让更多的人对你和你所带的犬只留下深刻印象。

全场总冠军的六个要素

BEST IN SHOW 是领奖台上的掌声，是聚光灯下的荣耀，BIS 就是“全场总冠军”的简称，是犬展中的最高荣誉。这种荣誉属于冠军犬，更属于那些深爱着、珍惜着它们，为它们付出辛勤汗水的主人。当一只参赛犬经过重重考验，淘汰各个对手，最终获得 BIS 的时候，人们常常会想：究竟是什么因素让这只狗狗获得了冠军呢？

接近标准 评审比较狗的优劣，最基本的方法就是给狗打分，而越接近犬种标准的狗得分就会越高。很多人会疑问，当几个不同的犬种同场竞技的时候，评审又是怎样做出判断的呢？其实答案依然是打分。越是接近自己标准的犬得分就会越高，最后获胜的机会也会越大。所以，最基本的要素就是参展犬本身是一只血统优良的纯种犬，而且要尽量避免出现大的缺陷。

培养管理 “良驹易得，伯乐难寻”。其实有很多具备参展素质的幼犬，没有拿到好成绩的原因并不在于它们本身的素质，而是缺乏良好的培养和科学的管理。管理包含很多非常专业的内容，例如：营养、美容、运动以及日常生活中很多习惯的培养。管理是一个非常细致入微的工作，例如不同的地面会对狗的爪形、关节产生不同影响；不同的梳理工具会对狗的被毛有不同作用。像哈士奇这种酷爱运动的狗狗，如果长期饲养在狭窄的空间里，不但尾巴上的饰毛会受到损伤，尾巴的形态也会渐渐改变，而且狗狗

自由的天性也受到压抑。诸如此类的点点滴滴无处不在地体现着管理者的技术。我们看到过很多由国外引进的冠军级的狗，到国内一段时间后，比赛成绩就开始下滑，其中很重要的一个因素就是因为缺乏高技术的科学管理。

科学训练 即使是一只外形条件非常优秀的狗，如果缺乏训练，也难以在赛场上展现出自己的气质和精神状态，最终也很可能会被淘汰出局。有人认为，参展犬的训练科目只包括牵引随行和摆姿势。其实对于参赛狗来讲，游戏和玩耍也同样非常重要。因为在游戏的过程中，狗和主人会建立非常自然的依赖关系，而且狗和主人都会获得快乐，这对狗的亲和力、信心的培养非常有利。而亲和力和自信心对参展狗来说同样是至关重要的。

参赛美容 犬展上，参展犬的美容和选美比赛中模特的美容有着相似之处。但参展犬的美容和宠物犬的美容是有很大区别的。参展犬的美容，除了能让狗保持清洁、漂亮的外观之外，还要根据每只狗的特点，考虑到如何掩盖修饰它们的不足之处，使它们看起来更接近犬种标准。

临场发挥 在犬展中，经常会出现两只狗在外观、美容上水平都比较接近的局面。这个时候，指导手就成为了决

全场总冠军是指导手及繁殖者永远追逐的梦想

定胜负的重要人物。一名优秀的指导手，会对参展犬的管理、训练、美容技术样样精通，他可以利用丰富的经验、敏锐的思维、细致的观察来调整狗的状态，调动狗的情绪，掩盖狗的缺陷；以优美的姿态，轻盈的步伐，高超的技巧去展现一只狗最完美的一面！

比赛环境 各个国家对于相同犬种的标准或多或少会有所区别，因此，同样级别的赛事由来自不同地区的评审员评判，很可能出现不同的结果，这是很正常的。另外一方面，因为评审员毕竟也是人，有着一定的偏好。标准是一把尺，每个人都有自己运用的方式，在不失公正的情况下，评审员根据个人的偏爱来决定比赛的成绩，是无可厚非的。既然报名参加犬展，就意味着要接受比赛的结果，并且尊重评审员的决定。

WINNERS
DOG
MT. PALOMAR
KENNEL CLUB
BERGMAN PHOTOS

冠军集锦

KENNEL
1
MEJOR
DE GRUPO
KENNEL CLUB PERUANO
MAURICE TOUGAS
SANTA ROSA DE LIMA

MAJOR
SOUTH BAY
KENNEL CLUB
BERGMAN PHOTOS

Best of Winners
New Champion

WINNERS
DOG
KENNEL CLUB
SEPTEMBER
BERGMAN PHOTOS

相关链接>>

AKC的冠军登录

美国养犬俱乐部（AKC）的犬展有统一的积分制度。现在将介绍美国养犬俱乐部（AKC）的犬展积分计算方法。

优胜犬

在一个品种内先将性别区分。在一个性别内又将犬只分为：幼犬1组（6~9月龄）、幼犬2组（9~12月龄）、亚成犬组（12~18月龄）、初级参赛犬组等。在这些组别的第一轮竞争中获得第一席，就获得了晋级优胜犬角逐的机会，分别评出优胜公犬（Winner Dog）一只、优胜母犬（Winner Bitch）一只。优胜公犬、优胜母犬与冠军登录犬（可能有多只）它们不分性别，都直接参与BOB的选拔。

积分的计算

第一步，计算参赛犬的数量。要算出在品种内，与你的犬只同样性别的参赛犬数量。无论它们参加的是哪个组别，只要是性别相同的都包括在内。但是这其中不包括直接参加BOB选拔的冠军登录犬、失格的犬只、被驱逐出场的犬只。

在AKC制度监督下的犬展，会有明确的审查记录，审查记录中会详细记录合格参赛犬的数量，以备查阅。

第二步，对照表格计算积分。

分数	性别	数量
1分	公犬 母犬	2只 2只
2分	公犬 母犬	4只 5只
3分	公犬 母犬	7只 8只
4分	公犬 母犬	10只 12只
5分	公犬 母犬	15只 19只

由此表格我们可以看出，参加比赛的犬只数量越多，取得优胜后获得的积分也就越多。一场比赛的最高积分为5分。当参赛的公犬数量在2只以上4只以下时，获得优胜公犬（Winner Dog）积1分。当参赛的母犬数量在8只以上12只以下时，获得优胜母犬（Winner Bitch）积3分。

完成冠军登录

在AKC制度下，犬只要完成冠军登录，得到CH头衔，必须要得到15个积分。这15个积分中必须包括两个组分（Major）。组分是指在一场比赛中得到3分、4分或者5分，而这两个组分必须是不同的审查员颁发的。这种状况下，积分达到15分就可以完成冠军登录。如果一只狗得到15个1分，依然不能完成冠军登录，而完成冠军登录的最高等级，是得到3个5分，最低等级则是得到2个3分加上9个1分。虽然都是完成冠军登录，但上述两种完成的方式可以客观地反映出犬只的实力和素质。

哈士奇的选购

当你被哈士奇那独特的魅力所吸引，想体会拥有它的那份快乐时，那么你现在就去挑选一只哈士奇带回家吧……

购买前的必要了解

哈士奇时时充满着好奇之心，天生喜欢闲逛，喜欢与人亲近，特别是年轻的狗，长时间让它独处时，它会觉得异常孤单，需要陪伴，没伴的日子过得很凄惨。只有当主人和家人围绕在它身边的时候，才是它最快乐的时光，所以如果主人是独居的上班族，或者家里只有一对夫妻，而且都要上班工作，这种情况很不适合养哈士奇。因为哈士奇天生自由的性格特质决定，如果被抛下单独在家，很容易造成它们产生分离焦虑症，无聊至极，进而有乱叫、乱咬的破坏行为。如果能够稍微调整一下自己的生活作息，你还是可以饲养哈士奇的，除了要为它多准备一些玩具之外，也可以多养几只哈士奇让它们做伴。

所有养狗的人，大多会认为世界上就数它的狗最棒了，而这也是你在饲养哈士奇后应该有的感觉。在出门选狗前，请先把哈士奇的犬种标准仔细看看，不但要熟读，还要牢记在心中，然后才能开始打听哪里有狗展，尤其是有哈士奇比赛的狗展，知道比赛日期后，抽空前往参观，仔细在场边观看，看看裁判是如何审查的，是否与你阅读的犬种标准一致。在现场多看多听多问，可以帮助你更了解哈士奇的特性，在选购时将极有帮助。

选择适合的选购点

目前，宠物店很多，繁殖者也很多，到底向谁买比较好？这就又牵涉到你购买犬只预算与要求的品质。简单来说，哈士奇可分为赛级犬与宠物犬两类，赛级犬本身必须符合犬种标准要求，才能有资格参加体型赛，所以任何缺点如身高或毛质不对，眼睛形状、颜色不对等等都不行。而在幼犬时期，很多狗的品质是一般人无法认定出来的，所以唯有向知名或信誉良好的专业繁殖者购买，才有可能买到赛级犬只，但这些幼犬价格自然是会稍高一些，同样是赛级犬，也会有不同血系上的价差。如果不想让狗参展，这些都不需要考虑，只要觉得可爱，任何一只的哈士奇仔犬都可以当宠物，但一定要是健康犬。饲主千万不要认为是宠物，价钱便宜就好，因为有时候低价的狗狗，不仅

是血统较差而已，也可能有其他的先天性遗传疾病。

向专业繁殖者选购仔犬应该是最明智的选择，因为他们的狗狗品质有保证，能够提供售后服务，给你在饲养上提供帮助。哈士奇在中国大陆经过十多年的发展，数量上与品质上都已经达到较高水准，近两年来，市场上哈士奇的仔犬需求大量增加，因此热心投入的繁殖者也持续增加，借此可望在品质上更加提升。

到哪里去找哈士奇专业繁殖者呢？你可收集资料，但最好是自己到各地赛场去看看，因为专业繁殖者都会带狗出场比赛，并乐意解答你的问题。另外优秀的繁殖者也会随时展现他们对狗的爱心与关心，与犬友保持密切的互动，更乐意提供其他购买者的资料，让你有打听的机会，也不会避讳谈到哈士奇遗传缺点等问题，更乐意解答饲主所提出的任何问题。

总之，专业的哈士奇繁殖者应该是具有道德心、爱心与智慧的，他们热爱这个犬种，他们会保护这个犬种，尽其所能地为这个犬种贡献一己之力，他们投入了无数的时间与大量的资金，来让他们的哈士奇能够达到最高的品质境界，而且只选择其中最好的种公、种母来繁殖，他们非常在意自己繁殖出哈士奇仔犬的品质，会尽量找出适当的血系来改良繁殖，只要是能够增进此犬种品质的事情，都是他们乐意去做的。所以，专业的繁殖者他们对哈士奇的血系应该很了解，有着完善的繁殖计划，因为他们在意哈士奇后代的健康问题，会在繁殖前做应有的检查与筛选。

通常信誉良好的哈士奇繁殖者，他们会参与各地犬协会或俱乐部的活动，以便推广、保护及改良哈士奇。

选购的注意事项

当你拜访专业繁殖者时，首先观察四周环境，看看是不是保持得很干净，是否有难以忍受的臭味，因为仔犬需要细心的照顾，所以看看仔犬们是否都很干净没有异味，还有它们是否看起来很健康，眼睛很清澈。如果眼睛有泪水、肚子大大的、趾甲也很长，表示仔犬并未得到好的照料。哈士奇仔犬应该有适度社交训练，而且很有自信，但不可有攻击倾向。经验丰富的繁殖者应该对每只仔犬的个性了如指掌，而且会向你建议最合适的仔犬。同时别忘了要求看一下仔犬的父母犬，尤其是母犬。虽然可能无法看到父犬，但是至少可以要求看父犬的照片，并了解为何选择这只公狗来繁殖仔犬。

从清洁卫生可以看出犬舍的管理水平

接着你可以询问繁殖者以下这些问题：他的繁殖经验、是否参加比赛（经常参赛才能不断升级品质）、仔犬几周龄可出售（12 周以下不宜离开母犬）、哈士奇常见的健康问题、是否有先天性遗传性疾病、对来买狗的人有何要求（负责任的繁殖者会想知道仔犬未来生活环境如何）、哈士奇最佳及最差的个性、有无哈士奇的健康证明书、是否提供购买保证（能签订买卖契约书最好）等。

选购时需要注意以下几点：

1.最好要现场看到小狗的父犬与母犬。

2.最好当场可以拿小狗的血统书，要检查血统是否纯正。

3.如果选的是公狗，要把小狗带回家之前，请先检查小狗是否有两颗睾丸，正常的小狗，一个多月就摸得出来，超过三个月没摸到，睾丸掉下来的机会就很小，如果小狗有隐睾或者是单睾，应是重大的缺陷。

4.长毛哈士奇是属于重大缺陷的哈士奇，如果很喜欢这种哈士奇，可以以这种狗是不合标准为由，要求商家降低价格，但这种哈士奇是不适宜繁殖的。

如果有心要买赛级犬，应先多去了解哈士奇的标准与体态，不要盲目地迷信大就是好，骨架粗就是好，每一种狗都有它一定的标准，太过与不及都是不好的，在买小狗之前，要多听、多看、多问、多比较，这样多了解才能找到自己心目中理想的哈士奇。

幼犬的选购要点

在一窝哈士奇仔犬当中，可能有3~5只可供选择，一般12周龄大的仔犬是比较适合出售的年龄，因为在8八周龄后，仔犬已经断奶，失去来自母犬提供的抗体，如果此时换环境，很容易生病，所以一般繁殖者会安排预防注射，依照每个繁殖者习惯的不同，12周龄的幼犬，可能已经施打过1~2次的预防针。

当你第一次购买仔犬时，可千万别看到一窝可爱的小狗，就急得赶紧要相中一只投缘的带回家。其实怎么挑学问大得很。每一只哈士奇仔犬的性情都不相同，即使是同一胎也会有个别差异，它们的天份与特质都需要适当的饲主来培育它。不同的繁殖者、兽医师或爱犬者可能对如何挑选仔犬都会有着不同的意见，何况有许多繁殖者根本不让买主自己挑狗，而是根据他们对买主的了解，来为他们选择一只他们自己合适的狗。

健康的哈士奇仔犬应该表现出很快乐、活泼、爱玩的样子。身体摸起来很稳健，脚很直，没有异常的突出物或异状，眼睛黑而清澈，具有眼线，没有

很多分泌物，也不可有红眼或受刺激感染情况。哈士奇幼犬的鼻头应该黑而湿润、呼吸顺畅、脚步活泼、身体结实、肚子平坦不凸出、牙龈粉红健康不苍白，肛门周围干净没有拉肚子状况，还有被毛很有光泽，因为被毛与皮肤健康有关，也是最明显的身体内部健康指标。如果小狗的食欲好则是个好现象，甚至于大便的软硬度也要加以注意，当然大便中不可以有血或黏膜，如果有拉肚子状况，那要特别留心。耳朵也应查看一下，外耳应该看起来很干净，没有寄生虫，耳朵里也不可有臭味。并非所有健康状况都可以用肉眼看出来，像髋关节病变、肘关节病变、癫痫、眼睛疾病或心脏疾病等，都是要在成长后才能筛检出来，所以购买仔犬时，它的健康本来就是无法百分之百获得保证的。

性格测试与选择

美国的兽医师认为幼犬的性格测试应该比身体健康检查更重要，如果能将有焦虑及恐惧倾向的小狗过滤掉，对日后行为问题防范是很有帮助的。美国对幼犬的性格筛选自 7~8 周龄即开始，由幼犬完全陌生的人员来执行，但不可在幼犬刚施打预防针或动手术 3 天之内举行。

测试人员先在一旁观察幼犬的活动，以了解它们的社交能力，如果幼犬表现出害羞、多动或无法控制的乱咬，就会被列为“不适犬”。然后只留下合格幼犬继续测试，看看在它们玩时或叫它时的反应。最后则要测试幼犬对外界刺激的反应，并一一纪录下来。所谓外界刺激包括让幼犬侧卧，帮它美容、修剪趾甲、用手握住它的吻部，以及测试它对声音的反应。研究发现，幼犬在受嘈杂的声音刺激之下，心跳加速后，一般均可在 36 秒内恢复正常心跳，而超过这个时限者，就比较有焦虑倾向。

选购者也可在繁殖者处，对幼犬做一些简单测试，但是事先要准备几样东西：一个新的咬嚼玩具、一个不锈钢狗碗及一个网球。

第一步 在整胎狗一起时，测试小狗的友善程度。当你坐下来叫它时，

通过对狗进行测试了解犬只性格

它应该表现很高兴看到你，向你走过来。如果它完全不理睬，那就不是好现象。

第二步 拿着玩具在地上拖动，它应该会被吸引，甚至于要追着玩，最后整胎狗可能都跑来要追着玩，这是好现象，完全没兴趣的小狗，表示以后很难训练。

第三步 小狗在硬地板处，当它很专注在玩时，突然在 1.5 米远处把不锈钢碗丢到地上，正常反应应该是小狗会想去查看响声来源，或者在被吓了一跳之后又继续玩它的。如果小狗表现得很害怕，而且不肯继续玩耍，表示它太过敏感，不适合当宠物。

第四步 当小狗单独玩时，把网球滚过它面前，看它会不会去追球，然后在你叫它时咬回来给你。如果它乖乖咬回来，那以后大概可以成为玩飞盘游戏的伴。

第五步 把狗与同胎小狗分开，单独跟它玩几分钟，然后用手压住它胸部的方式，把它仰压在地上，温和地牢牢地压住它，小狗应该会挣扎而且会叫一下，表现出它不喜欢被强制压住，但最后还是会放松下来而屈服，如果它一点也没挣扎，表示它很消极，不是一只好宠物，如果它反应激烈，对你怒吼及威胁，表示它有领袖欲，把它当作宠物留在身边会带来很多麻烦。

第六步 做这项测试必须去掐小狗的脚掌，所以应先得到繁殖者的许可，如果繁殖者很有经验，常常做类似测试，应该会同意。首先与小狗玩几分钟，然后抓起它的脚，在脚趾头之间蹼膜处狠狠捏一下，如果力道够的话，小狗当然会叫，在它叫完后，再度表示要和它玩，或是伸出手要拍拍它，如果它很快就原谅你，开始又跟你玩，或是让你摸它，表示它将是一只很棒的宠物，尤其能和小孩相处。如果小狗跑掉了，或者不让你摸它或一起玩，甚至更糟糕地变得有攻击性或想咬你报仇，那这只狗就别买了。

公母犬差异选择

有人认为公狗、母狗的习性大不相同，所以在选购时也会为了要买公的或母的而有所考虑，事实是，狗的行为受到多个因素影响，但与公或母却根本没有关系。有人认为“公狗比较爱乱跑”、“母狗比较温顺”、“母狗比公狗适合当宠物”、“公狗比母狗容易有攻击性”。其实就算这些情况确实发生在某些狗身上，但是这些说法绝对不是完全正确的。因为发情时的母狗也会像公狗一样爱乱跑找伴，公狗也有非常

温顺的、无攻击性的。但可以肯定的是未结扎的公狗会比结扎过的更爱乱跑。因为母狗结扎比公狗结扎要复杂得多，如果不想让狗繁殖，饲养公狗可能单纯些。

年龄差异选择

3个月以下的幼犬最让饲主伤脑筋的是大小便训练，因为狗还小，你要学习怎么抱它、怎么为它上牵绳、带它做户外活动、怎么从外面让它乖乖跟着回家、三餐之后要安排什么活动。有些饲主在这些繁琐的训练过程中，可能会打退堂鼓，觉得自己被搞得很累，但是如果能够熬过去，持续给予训

练照顾，很快地，它就会成长为一个乖狗狗。虽然3~6个月大的特幼犬在大小便训练上比幼犬容易，但是因为买回时年龄已稍大，你必须花更多的时间在训练上，以及给它更多的社会机会，来让它完全融入你的生活中。六个月至一岁半大的未成犬可说正处于青春期，很容易让人误以为它们已经长

大，其实它们的心理还是像小狗一样，可能对自己已经长大的身体还不是很能适应，它们可能会比较粗鲁，精力旺盛，非常活泼，但是如果选了这个年龄层的狗也不必太担心，只要给予持续性的训练，并反复练习，付出更多耐心，相信最后还是会得到满意结果，至于大小便训练可能和幼犬一样要重头教一下。2~8岁的成犬已经

定型了，如果认养或接手这个年龄层的狗，只要事先对它的状况有所了解，身体心理都很正常的话。应该是比养小狗来得容易多了，就算有些行为问题也是因为这之前主人没有妥善照顾或训练所导致，只要给予持续性的训练与奖励，它还是会成为最棒的宠伴。8岁以上的老年犬多数人不会考虑饲养。

影响市场价格的因素

不同品质的哈士奇价格相差较大，应根据自己的心理价位选择相应品质的狗狗。如果相中了合适的狗狗，你就可以考虑一下店家所开的条件与自己的估算的价格差多少，如果相差不多，就可以直接把小狗带回家了；如果价格相差很多，就要深入去了解价格差这么多的原因。

◆对价格影响不大的几个因素

哈士奇的头花 哈士奇的头花即称为脸上有“火”，这种说法是指脸部白色的花纹。有的商家为了抬高价钱，形象地把它比做“火”，但在国外并没有这个说法。挑选几把“火”的哈士奇依据个人的喜好，如果饲养者个人很在意的话，需要注意的是火的边缘要清晰、端正。虽然有无头花及不同的头花可能会在价格上略有不同，但不管是什么头花都无法构成价格比较贵的理由。

哈士奇的头花多种多样

哈士奇的眼睛颜色 哈士奇的眼睛有蓝色与棕色两色，也有一蓝一棕的眼睛颜色，无论什么颜色，也是看个人喜好，与价格关系不大。

哈士奇的毛色 哈士奇的毛色范围非常的大，从白色，灰色，棕色到黑色都有，甚至也有块状色块像奶牛般的花纹，这些都是哈士奇标准所允许的范围，选择何种颜色，纯粹也是个

人喜好，与价格关系也不大。

◆以下原因可能会影响价格

有国外进口的血统证明书 小狗的父犬或母犬，是否是进口的哈士奇犬，这些资料可从血统书上得知，美国进口的犬只是有 AKC 标记的血统书、英国进口的有 KC 标记的血统书。

冠军登录犬 小狗的父犬或母犬，或是父犬与母犬均是有冠军登录的哈士奇犬，看小狗的父犬或是母犬，名称前面有冠上 CH. 的字样，这就是表示小狗的父犬或是母犬(或者两只都是)是冠军犬，有冠军血统的狗，因为主人花了比较多的心血照顾和参加比赛，所以通常都会比较贵一些。国内目前还没建立完善的冠军登录制度，但在国内大型犬展中获奖的狗狗及后代，价格也会高些。但要注意的是：同一胎小狗，资质一定有差异，冠军犬的后代也是如此，价格的高低，要从体态与骨架来看，最好是同对哈士奇较了解的朋友一起去选购。

冠军犬后代价格较高

哈士奇的训练

良好的训练能让你的爱犬显得很有修养，可以使你的爱犬养成良好的行为习惯，成为一名人见人爱的绅士……

训练的基本要领

为使训练犬都能根据主人的口令、手势顺利地做出动作，准确地完成各项任务，必须正确掌握训练要领，使犬迅速养成良好、稳定的条件反射。

◆诱导

诱导就是在训练中利用食物、物品、自身行为以及其他因素，诱导犬做出某些动作，借以建立条件反射的一种手段。此法能引起犬的食欲兴奋，尤其是犬爱吃的食物，犬就比较容易兴奋，从而积极参加训练，能较快地学会动作。由于这种刺激是主动的，犬做出的动作就自然活泼，愿意执行，特别是使用科目的训练效果较好。但其特点是，不能保证犬在任何情况下都能按要求顺利准确地做出动作，尤其在方法使用不当时，如奖食过分等。因此，使用这一训练要领时，要注意以下三点：

A. 使用诱导要掌握好时机，应与一定强度的强迫手段相结合，这样既可保证训练的顺利进行，又可保持犬的兴奋性。防止以诱导代替口令和手势的做法。

B. 要防止因诱导而产生不良联系，如有的犬只衔动的而不衔静的物品，就是由于训练中不注意而造成的。

C. 要根据犬的神经类型、特点适当运用，对于沉着、安静、不太兴奋的犬可多用，而兴奋、灵活的犬宜少用。

◆强迫

强迫是使用机械刺激和威胁音调的口令，迫使犬准确地做出动作。强迫的方法主要用于每一个训练科目的初期，即为了加强形成条件反射，在初期使用，或在外界诱因的影响下，预定科目进行不下去时使用。但要注意以下两点：

A. 运用强迫时，要注意及时、适度，口令和相应强度的机械刺激相结合，与奖励相结合。过度的强迫引起的抑制会影响对人的依恋性。当犬做出正确动作后，为缓和犬的神经状态和巩固条件反射，要给食物或抚摸等给予充分奖励。

B. 要因犬而异，因科目而异，慎重使用，以免产生不良后果。

◆禁止

这是为了制止犬的不良行为而采取的一种手段。它是用威胁音调发出“非”的口令，同时与强有力的机械刺激相结合使用。如犬追扑家畜、家禽，随地捡食或乱咬人时，就应发出“非”的口令，同时结合使用强有力的机械刺激加以制止。使用禁止口令时应注意以下两点：

A. 制止犬的不良行为时，主人的态度必须严肃，制止一定要及时，最有效的时机是当犬有不良行为表现时立即制止。态度严肃绝不是打骂的代名词，每当犬闻令即止时，要给予奖励。

B. 刺激强度必须根据犬的特点分别对待，尤其对幼犬更应注意。当“非”的口令已形成条件反射，即犬能闻令即止时，也应经常地结合机械刺激，以免反应消退。

◆奖励

奖励是为了强化犬的正确动作，巩固已培养成的能力，调整犬的神经状态而采取的一种手段。奖励的方法有给食、抚摸、准予游散和表扬(发出“好”的口令)等。一般在科目训练的初期，为了使犬迅速形成条件反射及巩固所学会的动作,都应采用给食、抚摸为主,结合表扬给予奖励。奖励时要注意以下两点:

第一,奖励必须及时,并应根据不同情况,采用不同的奖励方法。

第二,奖励时,主人的态度必须和蔼可亲。

牵引绳的使用方法

狗绳的正确牵法是成功地训练狗的关键。例如,狗超过主人向前走或朝其他方向走时,在那一瞬间牵动绳子发出传递制止的信号,然后马上使绳子松弛下来。这一系列的动作是在极短的时间内完成的,因此绳子的正确牵法极其重要。

首先,绳套紧握在右手中,并保持适当的松弛,左手握绳在左腰间。绳子的状态,应是从狗的项圈之处稍微下垂,保持一定的松弛。主人要随时注意狗所处的位置是否正确,是否出现牵拉绳子的现象,否则将达不到训练的目的。在训练的过程中最容易犯的一个错误是,一心为了使狗处在正确的位置,长时间扯紧了绳子,几乎没有放松过。这样,经常给狗的脖子上

牵引绳传递着主人指令

施加压力，到了要纠正狗的行为时，牵拉绳子已经没有意义了，狗已区分不出两者的区别。

另外，在训练或外出散步时，狗要处在主人的左侧，并同朝一个方向。狗不能无视主人的存在任意地拉着绳子径直向前跑，如有这种情况，训练就显得非常必要了。

方法如下：首先，当狗拉着绳子朝某一方向走时，立即强行牵着它朝相反方向走，途中可以拐弯，也可以在同一条路上来回走，总之，就是人牵着狗走。其次，当狗准备向前拉绳子的瞬间，注意观察狗准备拉绳子时的样子，当出现这种征兆时，猛地一下向后拉绳子，勒住狗的脖子。这一瞬间的力度和时机把握是非常重要的，突然地一用力给狗的脖子上施加压力，然后放松绳子。但必须注意，如果狗脖子上的绳子一直处在拉紧的状态，以上的训练方法就毫无效果了。平时，在家中要让狗自由自在的行动。散步时，则要注意让绳子保持松弛状态。

幼犬的基本训练

当哈士奇 2 个月大时就可以开始进行训练了。这一阶段的幼犬处于早期发育阶段，开始获得并逐渐形成行为反应，具有高度的可塑性。此时进行良好的训练，可不同程度地改善哈士奇的神经类型和体形外貌，培养良好的行为特征。

◆增强体质

在幼犬 3 月龄前，选一片较为平坦清静的场地，带幼犬出来散步，并进行适当地奔跑或让它与小孩相互追逐嬉耍和跳跃。3 月龄后的幼犬，选一片自然条件较为复杂的场地进行专门奔跑，也可以用自行车带犬奔跑和抛物衔取而使幼犬奔跑，再选择一些自然地形，如小沟、小坎诱导犬跳跃。训练中应注意的问题：

A. 奔跑的速度要视犬龄和体质强弱而定，由慢到快，有间歇地进行，以不使犬过分疲劳为宜。

B. 用自行车带幼犬奔跑时，要防止幼犬跟在自行车周围而遭压伤。

C. 选择越障跳跃时，要注意高度和宽度，以幼犬能自然通过为宜。

◆适应环境

环境锻炼是通过犬主有目的地选择特定环境进行幼犬散放来进行。在白天幼犬散放时，有目的地带幼犬到较清静的环境，再逐渐带至较复杂的环境。带幼犬去接触特定

物体，如家禽家畜、烟火灯光、车辆以及其他不常见的物体，在人群中穿越，为适应赛场气氛作准确。哈士奇具有拖拉物品的天性，常带幼犬到野外密林中活动，然后制造各种音响。如燃放鞭炮、敲锣鼓、鸣枪，让其在这些复杂环境中奔跑、追逐。训练中应注意的问题：

A.在进行环境锻炼时，犬主应不断鼓励诱导犬，切忌强拉硬扯。

B. 进行声光锻炼时，要由弱到强，由小到大，绝不能搞突然袭击。

C. 对胆小的幼犬，应特别耐心而持久地进行慢慢诱导，以免个别幼犬出现“音响恐惧症”和“惧物症”。

◆兴奋性培养

兴奋性的培养主要是通过玩耍，尤其是通过衔物训练来进行。充分利用哈士奇生性活泼，精力充沛的特点，用奔跑、翻滚等方法与幼犬玩耍，以培养其兴奋性。同时，在犬舍内，可添置一些玩具供幼犬玩耍。采用此法训练时，幼犬因兴奋往往会轻轻地撕咬或爬在主人身上。对此，主人应高兴地与幼犬玩耍，切忌简单粗暴斥责或刺激犬。

基本科目训练

◆进食训练

在饮食方面，除了定时定量定地点饲喂以外，可以额外给犬以特定刺激，以增进其食欲。比如每次添食之前，先喊两声犬的名字，持之以恒，则有利于爱犬进入就餐的预备过程，使其消化系统进入兴奋状态，唾液分泌增加，这样，进食就会很顺利，而且能每次把定量吃光。

在爱犬进食之前，可以对它稍加控制，因为此时它正饥肠辘辘，有求于你，会急切地按照你的吩咐去做。可以让爱犬以口令为准开始饮食，在口令未下的时候，爱犬眼巴巴地望着食盆，这个时间控制要尽量缩短，否则容易影响其食欲，这种练习可以使它养成不随便抢食的习惯。应该慢慢训练使它懂得规矩，让其把餐器舔净，不糟踏浪费。

偏食对哈士奇的生长发育不利，易患各种营养缺乏的功能性障碍。因此对这种挑食的犬，如果吃了半个小时还没有吃完，应立即将食物拿走，其间即使再饿也不喂以食物，这样它连续几天尝过挑食会挨饿的滋味后，自然会把食具中的食物吃完。

◆排便训练

哈士奇是比较爱清洁的动物，在室内应在卫生间或阳台固定一处放置

从小养成良好的习惯

小锦囊

驯犬的五项基本原则

每天坚持训练 训练必须坚持不懈，不急不躁地逐步进行。

多表扬 少斥责 1次斥责9次褒奖，多进行表扬和鼓励，狗就会表现出强烈的学习热情。

及时斥责 当场褒奖 训斥奖赏须及时。如果过了这个时候，可能达不到目的。

声音与手势配合 口令应短促、易分辨。同时用手势明确无误地显示主人的态度。

训练态度要统一 最好由一个人负责训练，在对它的教育训练上，训练者应持同样的认识。

便盆，上面可撒上煤渣，铺上报纸等，当它确认了上厕所的地方后，每次都会很固定地在那里方便。第一次让犬到正确的地方上厕所时，一定要耐心。如发现犬要便溺的迹象，应立即把它带到该去的地方。当犬做对之后应表扬赞许它；如果它已在不正确的地方便溺，应立即严厉呵斥，用比较尖锐的声音批评它，一般2～3次便可见效。

大小便的训练最重要，也是需要花很多时间的。犬在起床后、饭后、睡前，以及玩得很开心时，会在地上打转，表示它在找个地方要排泄，这时要叫它等一下，赶紧抱它去定点方便。它排对了地方，要立刻鼓励。如果它排错了地方，要当场按住它的鼻子，拍它的屁股说“不可以”，并立刻将地面清洗干净消毒，喷上除臭的芳香剂，甚至撒上胡椒粉之类，尽可能盖住臭味，免得犬寻着这味道，一犯再犯。有时候，小犬因为过度兴奋、惊慌，或者为了引起你的注意，或是生病了，会有随地大小便的情况。这时候必须弄清楚原因，加以耐心地纠正与治疗。幼犬的消化吸收快，排泄得又快又多，倒不必担心，那是排泄器官的肌肉控制还不成熟的缘故。

◆制止狂吠训练

当你的爱犬面对陌生人、其他狗只或异常响动时爱大声吠叫，这时必须对这种行为予以坚决制止。这种吠叫既不礼貌，也影响周围环境。

在训练哈士奇不要狂吠时，必须用坚定的语气配合手的动作。当它在家中听到门外有人活动就吠叫时，应立即用手握紧犬的嘴，同时用十分肯定的语气，摇头怒斥“不行”。经过数次训练之后，它就会明白这种狂吠是

不对的，从而改掉这一劣习。

◆随行训练

随行训练是让它根据你的指挥，靠近你的左侧并排前进，并保持在行进中不超前、不落后的正确姿势。训练时，先在清静平和的环境令犬散游一会儿，用左手拉住牵引带，唤犬名引起犬的注意，在发出口令“靠”的同时，用左手把牵引带向前拉，以较快的步伐前进，每次行走 50 米左右。当犬出现超前或落后时，立即发出“靠”的口令给予纠正，并拉牵引带一次，给犬以刺激。为了形成犬对手势条件的反射，可用右手拉着牵引带，并放长些，当犬一旦脱离正确位置时，在发出“靠”的口令的同时，用左手拍一下自己的左大腿，这样反复多次训练，即可形成条件反射。当犬能不用牵引带而根据口令正确地随行时，可进行变换速度、方向的训练及较复杂环境中的训练。当犬受到新异刺激不执行口令时，即向它发出威胁音调的口令，并配合以猛拉牵引带的刺激来纠正。

小锦囊

训练的四种基本方法

机械刺激法 利用机械的手段，迫使犬做出一定动作的方法。如牵绳控制。

食物刺激法 以食物来刺激犬做出一定的动作的方法。它可使犬愿意执行、完成动作。

机械刺激和奖励相结合训练法 机械刺激是采用生硬的方法，犬是被动接受。奖励如给犬爱吃的食物或抚摸则是鼓励它继续这样做，两者相结合，可达到奖罚分明的效果。

摹仿训练法 是利用训练有素的犬的行为去影响或带动被训练犬的一种方法。

◆前来训练

前来是哈士奇能根据你的手势和口令，顺从地来到你左侧坐下的能力。训练时，先唤犬名以引起犬的注意，然后发出口令“来”，右手做来的手势，左手向左侧平伸，随即自然放下，同时左手拉训练绳并向后退，以使犬前来，当犬来到你面前时，应及时奖励，这样经过多次训练，犬即可按口令前来。

但应注意，有的犬往往听到口令或看到手势而不来，此时主人一定要耐心，想法采取一切足以使犬兴奋的动作，如后退、拍手和向相反方向急跑等，促使犬前来，切不能用突然的动作去抓犬或追捉，否则会使犬受到影响。有的犬受到新异刺激后，不但不来，反而到处乱跑。此时应抓住训练绳，并用威胁的口令，右手做前来的姿势，令犬前来，当犬来到身边时，应及时奖励。

◆坐下训练

训练时犬主用左手握住牵引带，将犬引导至自己对面，让犬站在主人左侧，接着发出口令“坐”，同时用右手上提牵引带，左手按压犬的腰部，迫使犬坐下，当犬坐下后，立即给予奖励，通过反复训练后，犬就能养成坐下的动作。

训练初期只要求犬能在 5~10 秒钟内坐着不动，就应立即奖励，以后逐渐延长时间，采取边巩固边提高的办法，达到 3~5 分钟。在培养坐姿延缓的同时，要逐渐延长与犬主的距离，直至离犬 20 米以外隐藏起来仍能坐着不动。

◆握手训练

小犬玩耍时互相抓挠，这是天性。训练时，喊声“伸手”，然后以一只手拿起它的左前脚，另一只手拿起它的右前脚。一边说“好”，一边抽出一只手抚摸犬的颈下或前胸，还可以给它吃点食物加以奖励。

握住它的前脚时就说：“握握手!”它抬起右脚时，用你的右手和它握手，然后表扬奖赏它。重复“握手”的命令直到它每次都这样做为止。当它已经学会正确地握手时，就教它用左脚握手，此时应下不同的命令。

◆翻滚训练

当犬乞讨东西时会注意你的手指，眼睛盯着你手里的食物，你可让犬先趴下，再将你握着食物的手高于它的鼻子，手成弓形，从左边经过它的身体到地面再到它右端，这样它会随着食物打 180° 的滚。

如果犬已经会听口令趴下了，那么命令它打滚就更容易了。先命令“趴下”，再命令“打滚”，下口令的同时，抓住它。

◆敬礼训练

在训练敬礼时，应在其有坐下能力的基础上进行，可采用以下几种训练方法：

A. 在给犬喂食时，先令犬坐下，待犬开始吃食时把食盆端起。在慢慢往上端食盆时，犬的前身必然会随食盆升高而立起，此时下口令“敬礼”，当犬站立好再给予食物。

B. 找一处有墙的平坦地面，令犬坐下，下“敬礼”的口令，然后双手抓住犬的前腿慢慢提起呈直立状，再奖励犬。

C. 下口令“握手”，你左右手分别握住犬的左右前腿，再下“敬礼”的口令，然后慢慢松开双手，使犬单独后肢站立，最后奖励犬。

障碍赛训练

障碍赛是在 1978 年诞生于英国的竞技，近年来，在国内也很受欢迎。参赛的犬种没有限制，但会将所有的参赛狗分为身高 40 厘米以上的标准组和 40 厘米以下的迷你组，在各组中，再根据经验分为初级到高级等不同的等级。评分采取减分法，比赛能够多快，多正确地完成项目（障碍）。

在 20×40 米的竞技会场中，至少会设置 10～20 个障碍，每个障碍间隔约 7 米，依次通过各个障碍。人可以陪在狗旁边发出指示，但不可以触摸狗，不可自己跨越障碍或是手上拿道具。当搞错顺序，从反方向跨越障碍物，狗不想做而拒绝（三次），或是排便时，就立刻失去参赛资格。除了饲主可以陪在狗旁边，也可以请专业的指导手代为参赛。

◆跳跃栅栏架

栅栏架宽为 120 厘米，高为 75 厘米。跳跃的动作要领是：让犬站在栅栏架的一边，然后指挥犬跳过栅栏架，犬跳过去以后仍要保持站立的位置。你再走到犬身边，将犬牵走。口令是："跳"。

训练时应首先令犬侧坐，给犬系上训练绳。栅栏架的高度一开始训练一般以 0.3 米高为宜。开始训练时，你要与犬一起跳过去。一般是你先跳，同时下口令"跳"，再牵引犬跳过去。接近木架时的速度不要太快，否则，在越过障碍前犬就冲上去而会自己碰伤自己。犬通过障碍后要很好地给予奖励。过一会儿，再重复此项训练。对此科目，犬在初期极易疲劳。因此，你有必要在犬跳跺 4~5 次以后休息一下。每天要进行三四次训练，以增强犬的体质。

当犬毫无困难地越过较低的栅栏时，就可以增加栅栏架的高度了。持牵引带的方式以不妨碍犬的前进为准，因此不要抓得太紧。当犬越过栅栏以后不要忘记奖励。在犬跳过栅栏架以后要令犬站在原地，立好，等待带走。

以后，可以渐渐地增加栅栏的高度，直到犬能跳过合适的高度为止。最终的高度据犬的体力以及自己的直觉而定。当犬能较容易地跳过栅栏，牵

> **特别提示**
>
> 必须记住:在犬跳跃栅栏前要下口令“跳”,犬跳过去以后,须令犬站立在原地,然后你前去系上牵引带,引犬随行离开,这才完成了这个训练。

引带就可以去掉了。但是不要毫无把握地过早地摘除牵引带。摘除牵引带的训练要在你确实有把握时再干。

◆跨越长跳板

长跳板这种器材是由四五块跳跃组合板的木材排列,中间有孔隙,宽为 120 厘米,距离为 120～150 厘米。动作要领:犬将以穿越的方式从上面跳过去。与前一个科目一样犬从上面蹿过去以后,须站立在原地。口令是“过”,训练开始时,引犬来到栅栏架群前站定,令犬或引导跳跃。当你与犬一起通过或令犬通过时,你不能跨在第一个长跳板上。当犬跳过去以后,仍须保持站立,你走上前去,引犬随行下,结束训练。

训练开始时应给犬系上训练绳,跳跃的距离不应过长(长跳板的件数少一些),其长度依犬的大小与体力而定。长跳板排列以 0.80 米为宜,长跳板的高度也可以在 0.2～0.3 米之间。

当你领犬来到障碍跟前,下令“过”,同时鼓励犬跳跃。一定要使牵引带完全松弛,如太紧会妨碍犬前进,也会使犬跳不到长跳板的那边。若犬跳得很顺利,要给予充分奖励。然后令犬站在障碍的那边,过一会儿,上前让犬侧靠。然而,犬跳跃有困难的话,可再试一次,这次要有较长的助跑。若再次失败,则需要缩短长跳板群的长度,重新训练。

随着训练的继续,逐渐地增加长跳板的数目,直到估计到快要失败为止。哈士奇是相当敏捷的,而对于犬能跳跃的实际距离可凭你的直觉而定。

当你用牵引带引导犬顺利跳跃时,可以摘去牵引带,重新投入训练。继续与犬一起跑向长跳板群,停在起跳的位置,以后就与先前的训练一样的方式进行、结束。

犬摘掉牵引带而不费力地穿越长跳板群,你就可以在长跳板的侧面跳同时令犬跳。无论你带犬跳还是引犬向前跳,你都必须在犬跳过去以后,以随行的方式离开。以熟练的有规律的方法训练,以及在训练中要有必要的控制,在所有的训练中都是相当重要的。

◆穿越管道训练

管道为硬隧道和软隧道两种。硬隧道由塑胶制成的，是可以自由伸缩的蛇腹状筒。练习时，可以先从较短的隧道开始练习，直径为 60 厘米，长 360 厘米。软隧道入口处是固定形状，之后是柔软材质制成，因垂在地面，无法看见出口。练习时，人可以将出口处撑开。全长 390 厘米，高 60 厘米。

首先牵犬到距离管道 2 米处，令犬坐下，而后犬主走到管道的背面，将训练绳的一端通过管道拿在手中，唤犬前来或以食物和物品加以诱导，当犬跑到管道跟前，即发出“钻”的口令，同时收拉训练绳。犬如能穿越而过就及时加以奖励。这样反复训练几次，就可单独使用，用口令和手势指挥犬穿越。

特别提示

当犬越过长跳板，碰了一下其中一个跳板时，这说明犬跳得不是足够高。此时可以提高栅栏群中间的一个跳板的高度。这不仅可以提高犬跳跃的高度，而且可以延长犬穿越的长度。

在犬疲劳和厌倦之前就应中止训练，一般在进行 4~5 次穿越以后，就应中止训练或改训其他的课目。

◆其他穿越障碍训练

障碍的其他穿越训练与上面几种障碍穿越训练大致相同。

板壁 将呈 90° 角的两块大木板竖起地面，形成三角形，使狗上、下坡通过。练习时，可以从坡度较小的板壁开始练习。两块木板都在距离地面 106 厘米的部分涂上红色，在上下坡时，如果没有踩到该接触点，就会被扣分。板壁宽 115 厘米，长 270 ~ 320 厘米，高 170 ~ 190 厘米。

蛇行道 在排成一列的栏杆之间蛇行。栏杆的高度为 100 厘

特别提示

在训练中须注意：一是在使用强迫手段进行训练时，为尽快消除犬对障碍物的被动防御反应，每完成一个动作，即应对犬充分奖励。二是在同一训练时间内，次数不宜过多，要以顺利通过结束，绝食后不能进行训练。三是训练中应注意安全和加强保护措施，以防止事故发生。

米，间隔 50～65 厘米，根数为 8、10、12 根。

步道桥 将三块狭窄的木板组合成步道桥，使狗在上面走过，桥上也有接触点。高 120～135 厘米，长 360～420 厘米。

轮胎 用四个螺丝将轮胎固定，狗必须跳跃穿过轮胎中间。轮胎直径 38～60 厘米。

跷跷板 站在跷跷板的一端，从另一端走下来，有接触点。宽 30～40 厘米，高 60～70 厘米，长 365～425 厘米。

桌子 跳上正方形的桌子，做趴下或等一下的动作 5 秒钟。长、宽 90～120 厘米，高 75 厘米。

哈士奇的护理

恰到好处的修饰可以使哈士奇显得更加自信，更为清爽迷人……

皮肤与被毛

哈士奇有着一身独特的毛层来抵挡恶劣的环境。哈士奇的毛有两层，外毛和绒毛，其中外毛分成两段，通常可以看到顶端深色发亮，低端毛质粗而相对淡色。这顶端发亮的毛叫银尖，是用来抵挡紫外光和炽热的太阳所发出的热量；粗壮的毛根紧紧的生长在皮肤内，所以一般来说哈士奇的外毛相对不容易掉毛。哈士奇的内毛(绒毛)和外毛的比例一般来说为8(内毛):1(外毛)，这些丰厚的内毛会分泌一种油脂用来防水，也正是这种油脂才恰到好处的营造了一个非常科学的隔热层，抵挡外界的炎热和寒冷。分泌脂肪的腺体，提供油脂来润滑皮肤及毛发，让哈士奇能够有发亮及滑顺的外观。同时皮肤油脂也有保护细菌感染及虫咬的作用。皮肤也有保湿作用，但狗无法像人一样透过皮肤散热，需要用喘气方式使体内热气散发出来。皮肤也是狗储存身体脂肪、水分、维他命、蛋白质等的器官，如果狗缺这些营养素，皮肤就会出现干裂。狗的皮肤比人的细薄且酸性较弱，所以人用的香皂与洗发精并不适用。

正因为有了这一身护身宝衣，才可以使哈士奇适应各种气候，尽量的保持哈士奇生活在干燥的环境里。洗澡以后尽可能的用电吹风吹干，毛和皮肤对于哈士奇来说简直太重要了，如果由于患皮肤病而引起大量掉毛，哈士奇将忍受炎热的痛苦，情况严重的话紫外线的直射甚至会导致他患上皮肤癌，所以需要你的细心呵护。

哈士奇的美容非常容易。尽管被毛密实厚重，但不是很长，这就意味着毛发一般不缠结。像许多狐犬犬种一样，哈士奇的毛没有臭味。

美容工具

在为哈士奇美容前，请先准备好以下美容、洗澡用品：

美容梳（排骨梳） 选用长齿排骨梳。

毛刷梳 可以迅速整理犬毛发，并具有按摩及促进新陈代谢作用，一般分为金属针及兽毛型，在上油时使用，可以避免伤到毛发。

钢针梳 可以用来梳开哈士奇打结的毛发，好的品牌其钢针深长，对毛发梳理很有帮助。

趾甲剪 种类很多，最好挑选质佳锐利、耐用安全者。

喷水瓶 可以用来装润毛剂与水，在美容毛发时将毛发弄湿，方便梳理。

另外止血粉、棉花球、眼药水、毛巾、美容绳、海绵、小塑胶桶、清耳油、洗毛剂、除蚤粉（或相关产品）、貂油喷雾剂或润毛液、牙刷及牙膏等也要一次备齐。

被毛梳理

每天逆毛梳理被毛是基本要求。逆毛梳理能使该品种的毛发“耸立”，这是品种标准的要求。毛发护理必须从幼年定期梳理。

哈士奇具有双层毛，梳毛工作是很重要的，每周最好有两次的完整梳理，从头到脚全身梳透。如果是准备要参赛的狗，在梳理时与宠物犬是不一样的，需要特别小心工具的使用，防止毛发在梳理过程中的断裂，因此须要一边梳理一边喷上保养油或润发剂。

作为家庭宠物的哈士奇，定期的梳毛可让哈士奇的毛发光亮，皮肤健康，清除不必要留在身上的“异物”。一次完整的梳毛工作，可以清除死毛、尘土及均衡被毛油脂，促进新毛发的成长。梳毛也是保持哈士奇毛发健康最基本的工作，整个梳理过程应该包括全身毛发，而不是只梳表面。

梳理工作的秘诀之一就是要有一把好的梳子，还有依照固定顺序来梳理，从头开始梳起，然后梳脖子、脚、背部、肚子、臀部、尾巴。建立起固定模式后，以后狗就会知道你下一步要梳哪里，自己也不会忘记哪里还没梳到。还有注意要顺着毛发生长方向来梳理，并尽量在室外梳毛，如果要在室内处理，最好下面铺上毛巾，这样梳下来的死毛才不会弄得到处都是。在梳毛后应该帮哈士奇洗澡，然后喷一点润毛剂或护毛剂来增加毛发亮度。

脱毛期要比平时更需要护理。雄犬一次脱的毛比雌犬要多一些，而雌犬一年两次脱毛，这样雌犬和雄犬脱的毛在数量上大约相等，次数不同。此时每天或隔天要用耙梳或梳子梳理犬毛，尽快除去浓密、带油性的、羊毛似的内毛让新毛尽快长出。为预防缠结，尤其要清除犬毛中的死毛。可以用针式刷或刮刷、中齿梳或细齿梳，简单的手采毛也是有效的。

清理耳朵

哈士奇的耳朵清理是一项重要工作，因为耳朵里也会长毛、出油，一些美容师会把耳内毛全部

拔除，有些则只拔除一部分，目的就是要保持耳内通风，减少感染机会。饲主最好每周都为哈士奇检查与清洁耳朵。首先让狗坐在你的面前，或躺下来，然后查看耳朵里是否有异物，如果有，要很小心地为它清除。健康的哈士奇耳朵应该是没有过多的污垢与耳垢的，而且没有任何臭味，当你摸它耳朵时，会不会觉得热热的或是很敏感不让人碰，如果是这样，那就可能已经感染了。观察一下狗是否会一直摇头或把头侧一边一直抓，这也是耳朵有问题的症状。每周一次帮哈士奇用耳油清一下耳垢，大概就能保持哈士奇的耳朵健康。如果耳朵有感染耳疥虫，就必须就医诊治，并请兽医教你如何为它做进一步耳朵清理。如果要拔除耳内杂毛，可以先扑撒一些耳粉，等待所有毛根都均匀撒上后，让它干燥以后再开始拔除，不但狗儿不会很痛，也会容易多了，拔除耳毛一次不要量太多，只要用手即可，如果要用拔毛器也可以。

清洁牙齿

为了让哈士奇活得更健康，刷牙工作至少一周两三次。帮狗刷牙要从小训练，使用一般牙刷及狗专用的牙膏来帮狗刷牙，不要用人用的牙膏，以免狗会生病。刷牙的方法就像你自己刷牙一般，经常刷牙可以让狗的牙齿洁白，降低口臭，去除牙菌斑，防止牙垢及口腔疾病之感染。如果牙垢已经产生，应请兽医师清除。食用颗粒状狗食有助洁牙，罐头狗食及软性狗食品较容易产生牙菌斑，嚼食硬的狗饼干与咬洁牙狗玩具也可帮助牙齿健康。

修剪趾甲

修剪哈士奇脚趾甲的美容工作应该从仔犬时就开始，即使小狗仍在哺乳阶段，也需要把趾甲修短，才不会抓伤母狗。成犬每月要修剪一次趾甲，幼犬则为每周一次。或者当你看到狗的趾甲在站立时会触及地面时，就应该加以修剪。在修剪哈士奇趾甲时，一定要先备妥“止血粉”，万一剪过头而流血，只要用止血粉敷一下即可。很多人会怕帮狗剪趾甲，因为不知道该剪到哪里才不会剪到血管，对于浅色的狗还好找出趾肉血管与趾甲的分界。为了让哈士奇的脚趾头看起来正确漂亮，务必把趾甲修到最短，因为若任其自由生长，其血管也会跟着长，以后就非得剪到血管才能再让趾甲变回理想长度，尤其是参加比赛的哈士奇，主人一定要经常修剪它们的趾甲，而且是用一种电动的磨趾甲器，既可以每天使用，又可以修得很漂亮。用左手把脚掌握住，拇指在上，其他手指在脚垫下，这样可以把脚趾头一根根分开，用右手拿趾甲剪，朝趾肉外的趾甲剪下去。万一剪到肉时，放下剪刀，左手继续握紧脚趾，洒上止血粉，然后按压 1 分钟，再放开检查是否已止血，如果没有，再反复施药，直到血止住为止。剪完第一只脚后，要用锉刀磨一下，以免尖锐的趾甲不小心刮伤主人。然后继续完成其他脚趾的修剪工作。为让哈士奇及早学会被主人剪趾甲，应该自幼犬时就养成每周修剪习惯。

清理肛门腺

每只狗都有两条肛门腺，正常情况下当狗大便时，会一并排出肛门腺内的分泌物，有时候狗无法正常将肛门腺内的分泌物排出，可能造成感染，患犬也会有在地上磨屁股或想咬屁股的动作出现，甚至于发出痛苦的呻吟。治疗方法就是要把肛门腺内的分泌物挤出来，但这是个又脏又臭的工作，万一你的哈士奇有此情况，需请兽医教导如何挤出阻塞的肛门腺，以免造成其他感染。

洗澡

哈士奇一般不需要洗澡，如果要参展，至少要在展示的前两天洗澡，使毛发在参展时恢复原来的油性质地。有时候当你可以闻到异味时就表示要洗了，如果看到狗一直抓痒，也是该帮它洗澡的时候了。洗毛剂要选狗狗专用洗毛剂，人用洗发精会伤狗狗毛质。

如果洗澡在浴缸里进行，应在下面铺上防滑垫，另用美容绳或非皮制牵绳把狗固定，以免有的狗不喜欢洗澡，半途开溜。在开始放水之前，要先把所需用品准备好，例如棉花球、眼药水、洗毛剂、一桶水、毛巾、海绵、橡胶刷等。把洗毛剂倒入水桶中，放进海绵，一切就绪后就可以开始洗了。把棉花球塞入耳朵内防水，点上眼药水防止眼睛对洗毛剂过敏，开始将"温水"淋湿狗的头部及耳后，把莲蓬头保持在狗的身体后方，顺着身体往背部及尾巴润湿，再回到前面的脖子及前胸，然后到肚子及四肢，最后再小心地把水弄湿在狗的头顶上，不可直接对着脸部冲水，务必让水渗入毛层，这需要一点时间，一旦毛发已经湿润，就可以开始用海绵将洗毛剂从头到尾抹上，注意不要让眼睛沾上泡沫，然后用海绵或手刷梳洗，或用橡胶梳好好梳洗一下，记得一定要轻轻地洗，才不会造成毛发断裂。用水冲净后，再上一次洗毛剂，最后一次冲水很重要，如果没有将洗毛剂冲净，会造成毛发粗糙，皮肤瘙痒。最好充分冲洗，直到感觉非常干净为止。另外要用润毛剂再冲洗一次，润毛剂要注意是哪一种，是必须完全冲掉的，还是可以故意留在毛发上滋润之用，如果应该冲净而未冲净，对毛发也会造成伤害。用手挤掉毛发上的水后，再用毛巾"吸"干，不可以用毛巾"搓"哈士奇的毛，以免造成打结。

给哈士奇洗澡时所需工具：吸水毛巾、洗毛精、润丝精、针梳

正确的洗澡步骤为：

A. 梳毛，一层一层拨开梳，将附着在狗毛上的黏着物梳掉。

B. 以手试试水温，避免温度过烫或过冷，切忌直接对着哈士奇淋。

C. 调好水温后，将温水从哈士奇的背部移到头部，淋湿身体。

D. 将哈士奇的头部抬高，让水贴着头部慢慢流下。

E. 头部冲水小心别让鼻子、耳朵进水。

F. 全身淋透后，将洗毛精抹在头部、背部、四肢等重点部位，加以搓揉。
G. 双手握住脸部，手指顺着毛往下揉，小心别让洗毛精溅入眼内。
H. 哈士奇的脚缝、脚掌间，也要仔细搓揉。
I. 将尾巴上抬，在屁股附近以食指、拇指并用方式，由外往内轻轻推挤。
J. 搓揉完后便开始冲水，冲水时重复步骤 2 ~ 5 的动作，彻底冲干净。
K. 冲净后，开始淋上润丝精，让狗毛更舒适柔顺。
L. 搓揉后再重复步骤 2 ~ 5 用水冲干净。
M. 冲完后，用吸水毛巾将哈士奇擦干。

帮哈士奇洗澡后，接下来就要立刻吹干，否则不但有可能感冒，甚至可

能引发微菌、皮肤病。请备好如下工具：吹风机、钳子、排梳、针梳、毛巾。洗澡后吹干的步骤为：

A. 用毛巾覆盖住湿淋淋的哈士奇，避免哈士奇着凉。

B. 用针梳以逆毛的方向将哈士奇背部的毛梳开，用吹风机吹毛。

C. 接着吹干颈部。以针梳将颈部的毛梳开并吹干。

D. 吹头部与脸部的毛。换上排梳，将眼鼻旁边的毛层层地梳开、吹干。

E. 吹下巴的毛。换上针梳，逆毛往上梳，边梳边吹干。

F. 吹脚。握住脚部的关节处，稍微抬起脚，一边梳毛一边吹干。

G. 吹腋下与腹部的毛。将两只前肢分别抬起，使用针梳，边梳边吹干。

H. 吹尾巴。将尾巴上拉，用针梳梳开毛，然后吹干。

I. 吹耳朵内外。一边梳一边吹毛，耳朵的内侧也要记得吹干。

J. 再次检查每个部位的内层毛吹干没有。

美容护理

参赛犬只不能看出有明显修剪过的痕迹，赛前的修剪要至少提前 3 天完成让修剪后的毛发有一个自然的状态。整个修剪过程要以犬种标准为中心，不可逾越。犬种标准提到：容许修剪胡须以及脚趾间的毛发以保持清洁。胡须要尽可能的剪短；趾间的毛发用针梳或排梳逆毛梳理，再用牙剪将足部修剪成卵圆形。比赛前的最后梳理也是至关重要的，颈部的毛发向上梳理，并且适当的喷些定型水，使整个颈部看上去更加强壮有力；四肢可以上些白粉，以更加凸现其充足的骨量在不违背自然的前提下，还可以针对自己犬只的不足进行细微的修剪来弥补，需要强调的还是要以标准为准绳，不能加入个人对修剪的想法。

哈士奇的美容护理

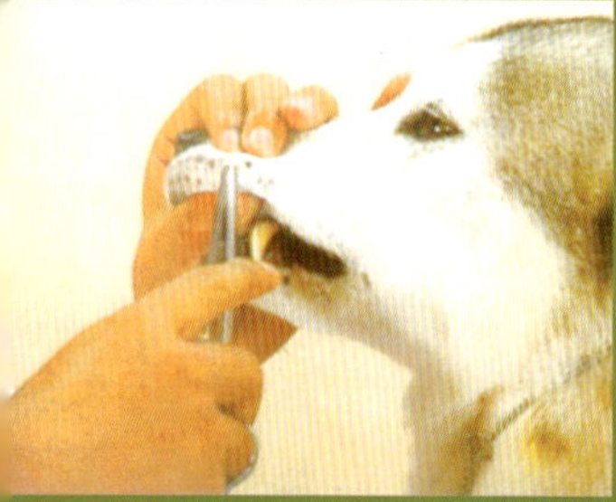

A 胡须要从根部剪掉

B 唇线多余的毛要剪掉

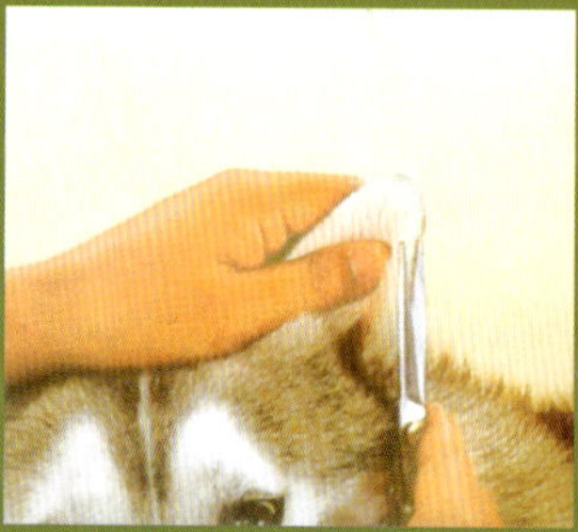

C 观察整体后剪掉耳部多余的毛

D 足尖只需把没用的杂毛剪掉就行了

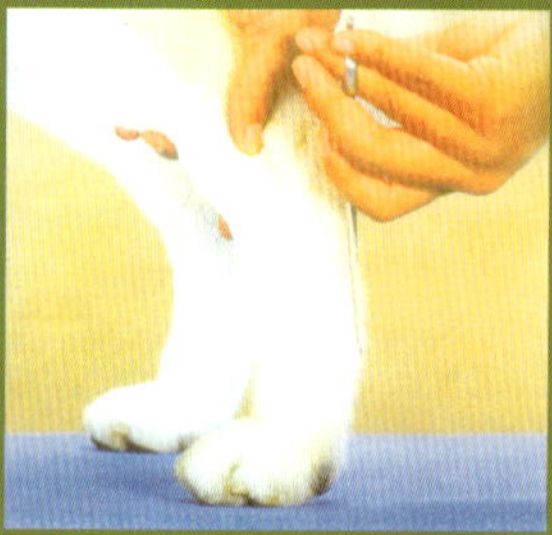

E 小腿和踝骨的毛层线要明显，后腿显得直而有力

F 头上白毛部分可做增白修饰

G 腿部可进行扑粉

H 将粉擦到犬体上，以凸现其充实的骨量

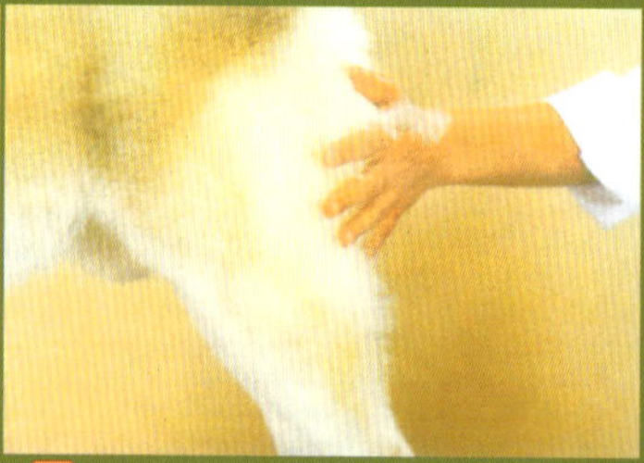

I 臀部及后肢的饰毛扑粉后用梳子拢顺梳平

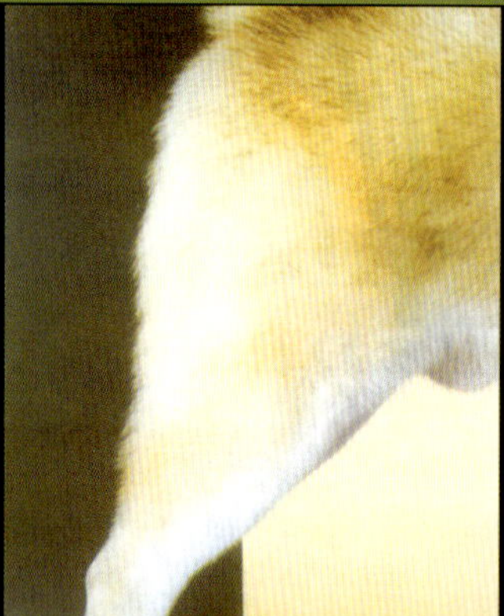

J 扑粉前

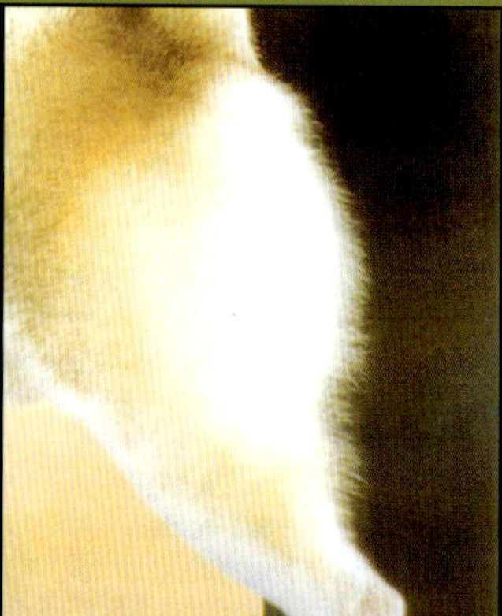

K 扑粉后

哈士奇的繁殖

哈士奇的繁殖有其自身的特点和规律，实施科学繁殖，是加快哈士奇的培育与品种改良的基础，更是获得血统纯正、品质优秀的哈士奇的保证……

繁殖的基本方法

◆近亲繁殖法

近亲繁殖法是指血缘有关系的父女、母子、兄妹、姊弟、直系血亲的交配繁殖。采用近亲繁殖是希望父母犬方面优秀的禀性会在子女的身上重现。近亲繁殖法培育成功时会强化优点，但培育不成功时，双方缺点的强化也是双倍的。因此做近亲繁殖时一定要确定双方在遗传上没有重大缺点才行，否则生下的仔犬会有许多缺陷。近亲繁殖是尽可能多地遗传优点，少遗传缺点。如果采用近亲繁殖法成功地繁育出一只极优秀的母犬，则还可再做一次近亲交配，但此时更应该严格筛检小犬，择优汰劣选出最优秀的一只，然后应改用系统繁殖，来定型已强化的优点。这样所繁殖出来的仔犬血统中含有非常多“优性基因”，则必可成为很好的种犬。但是使用近亲繁殖法也是非常冒险的，因为一些遗传不良体形或特殊疾病的基因大多数都呈隐性的。往往显性遗传基因和隐性遗传基因配合成对，但犬只本身却只显现隐性基因。若它们之间近亲繁殖，则他们的仔犬中将有一定比例会带有全为这种隐性遗传缺陷，所以使用这一方法时要慎之又慎。

◆异系繁殖法

异系繁殖法就是欲交配的公母犬双方在前五代的血统中没有一点血缘关系，而完全引进本身所没有的新血统。当某一系统的缺点被强化且在后来的改良中一直无法突破消除时，若另一血统都没有这种缺点，而原来的血系又有精密的血统组合时，则可以将此血统纳入而寻求改良。另外，利用“部分异系”的代替方法也可行。也就是引进 1/4 的外系(公犬或母犬之中有一方带有 1/2 外系)，所繁殖出来的仔犬血统中有 3/4 为原系，只有 1/4 为异系。此种手段较为温和，可达到较为理想的效果。

◆系统繁殖法

系统繁殖法是指在公母双方四代或五代的血系中，有一只以上

的相同祖先犬，而在双亲及三代内，并无同一只犬重复出现，这样的方式就是系统繁殖法。它是一种程度较轻的近亲繁殖，一般繁殖者都喜欢采用这种方式，因为它不必冒近亲配种带来的危险，又可获得近亲繁殖的良好效果。采用系统繁殖法时，应事先了解公母犬上五至七代的血统，这有绝对的参考价值，我们可以从这些血统中研究出要配对的母犬前三代的血统基础。假如在预备配对的种犬的祖先中，不断出现相同的杰出祖犬，虽然在代数上不尽相同，也可以把它们作繁殖倾向的指标。利用系统繁殖法，繁殖出优秀仔犬的比例也相当大，因为在繁殖时我们依据血统，大约可以推断出公母犬的遗传倾向，而加以善用，则期望祖先犬优秀的特质将可能重现。

血统纯正的种犬其后代品质才会更有保障

哈士奇的选种

想要培育出优秀的哈士奇仔犬，必须选择优秀的种犬。选择种犬时要从品种、体形、毛色、年龄、血统、健康、气质等方面作出正确的判断。只有通过择优汰劣、去粗取精、优势互补，才能培育出品质优秀的纯种哈士奇。

任何作交配用的哈士奇必须无遗传方面的任何毛病，我们应细察其血统证明书，根查其祖宗三代。哈士奇的有些问题是人为的毛病，比如犬主不懂养犬方法，管理不善，环境不当，便会繁育出一批不健康的问题狗；不健康的狗不宜拿来配种，以免祸延其下一代。犬主日常疏懒，不带犬散步或运动，易导致四肢细小、毛色差或肥胖等。不适当的训练与管理，可导致狗儿的骨骼结构不正常，体躯结构不紧凑，不合比例等。哈士奇不但要外形看起来英气凛然，最重要的还是心理健康和没有情绪遗传缺陷与毛病。很多人都忽略了遗传学和优生学的基本知识，所配出的犬只情绪素质愈来愈差，亦愈来

选种是一个择优汰劣的过程

愈多隐性缺陷。德国和美国的优生学专家都证明：犬的情绪不稳定同样可以遗传，这是因其脑部的细胞组织与结构不健全或有缺陷所致。

Ch Innisfree Minerva

哈士奇的一些隐性缺陷会遗传，而其反常的情绪和脾气也会遗传，繁育出的后代极为情绪化。情绪化主要的表现是极为神经紧张，或者易发狂，失去自制力。有情绪遗传缺陷犬其繁育出的幼犬品质差而价值低，所以凡有情绪毛病或情绪不稳定的哈士奇均不应用作配种。

Ch Innisfree Touch Of Fire

Ch Innisfree Rocket Red Glare

小锦囊

选种要点

◇血统优良，但近亲繁殖不宜过密。
◇必须到达性成熟年龄，应在1岁以上。
◇已注射各种防疫针和定期防虫。
◇生殖器官发育正常，繁殖力强。
◇避免选过胖的种狗。
◇情绪必须稳定，勿选有问题者。
◇最好壮龄配壮龄，勿选老龄母狗。
◇必须查清楚血系，无任何遗传病与缺陷。
◇骨骼正常，牙齿正常；勿缺齿，勿反铮，切勿腰坠。
◇不宜配混有杂种血统的狗只。
◇必须健壮，无任何寄生虫病。
◇符合犬种标准。
◇雌犬的发情周期要正常。
◇体弱、适应能力差的勿选配。
◇最好选有经验的雄犬。

发情

◆发情征候

母犬发情时，它的行为、生理和心理都会发生许多变化，只要准确掌握了它在发情时不同阶段的不同征候，我们就可以判断哈士奇是否发情，处于何种时期，何时可以交配。

行为变化 多数母犬在发情前期前2~3天，就表现不安、易兴奋，不服从命令，饮水量增加，食欲减少，频频排尿。

发情出血 发情出血是母犬从发情前期开始阴户流出血样分泌物。观察发情出血的持续时间和出血量的变化非常重要。发情前期的初期，阴户流出的分泌物为暗红色或茶褐色血样黏液，以后逐渐变红呈水样；从发情前期的后半期到发情期的前半期，分泌物呈浅红色；发情后期，阴道分泌物为血样黏液。发情出血量，发情前期的前3天量少，中期量多，后半期多停止出血。

阴唇肿胀 发情前期到发情期，阴唇及其周围组织迅速肿胀，触诊阴唇深部很硬。进入发情期后，整个阴唇变软，转为可交配状态。临近排卵时，阴唇肿胀程度最高，排卵后迅速消肿，之后阴唇又肿胀到接近排卵前的程度，以后逐渐消肿，恢复到正常状态。在排卵期的交配才是有效的交配。

阴道分泌物 分泌物为雌性动物生殖器官内壁脱落的细胞和蓄留于阴道内的分泌物，还包括子宫外口部的附着物和子宫颈管的黏液等。

◆母犬发情后的管理

发现家中饲养的哈士奇发情后，必须加强其发情期的特殊管护，否则易出现病变、偷配、错过交配时机等问题，从而造成不必要的损失。

特别提示

大部分的犬在出生后9个月时会开始第一次发情，哈士奇也是如此。过了一岁半仍然没有发情的迹象，那么就需去医院查明原因，进行针对性治疗了。

加强饲养管理 母犬开始发情以后，由于生理上发生了一系列变化，情绪不稳，活跃好动，对异性十分感兴趣，食欲下降，愿意喝水，有时正在吃食，突然头高举或平抬，耳直立，眼睛凝视远方，或跑出去。此时要加强营养，多喂些容易消化的食物，多给清洁的饮水。注意犬体和犬舍卫生，尤其是犬的外阴部要用温水轻轻擦洗，但最好不要给母犬洗澡，以防感染；犬身上经常刷拭或用干净湿毛巾擦拭。

勤观察 哈士奇母犬开始发情以后，勤观察是十分重要的。勤观察的目的，一是根据犬性行为的变化，选准交配时期；二是对犬表现的行为异常心里有数，以免惊慌失措。勤观察，主要是观察犬的行为表现、外阴部肿胀

特别提示

注意犬的异常发情

异常发情不能交配，因此应区分和避免母犬异常发情。

安静发情 无发情迹象，但却排卵，可用注射促性腺激素或马血清治疗。

假发情 虽表现发情征候，但却不排卵，由于分泌的促性腺激素不足而引起的。

发情期过短 可能是发育卵泡成熟过快或卵泡停止发育、卵泡发育受阻而引起的。

发情期过长 虽能接受交配，但不排卵。可能是卵巢囊肿或促性腺激素缺乏所致。

间断性发情 间断性发情常见于营养不良的母犬，可能与卵泡交替发育有关。

发情不出血 虽已发情，但阴户不像正常发情那样肿胀，阴道也没有血液。

孕后发情 怀孕后仍有发情表现，可能是生殖激素分泌失调所致。

乏情期延长 多见于肥胖的母犬，与雌激素不足有关，补充维生素E即可。

情况、阴道分泌物的量和颜色变化情况等，重点观察阴道的出血日期和阴道分泌物变黄的日期。有经验的犬主人能通过勤观察准确地掌握犬的发情状态。如果当母犬阴道分泌物变为黄色，阴道黏膜为灰白色，愿意让公犬交配并有让尾现象时，说明该犬进入发情期，要密切关注，选准时机进行配种。

防止偷配 母犬进入发情期后，要严加管理，公母犬要分开，运动时带上脖套，以便于控制，更不能散放，以防被公犬偷配。

交配

◆交配适期

饲养的哈士奇母犬发情后，准备让其繁殖时要掌握适当的交配期。如果无法正确地掌握，是不易受孕的。要仔细观察以下各点，以找出适当的交配期。

A. 出血的颜色由红色变为粉红色，渐渐变淡，黏液增多。

B. 外阴部变得更为膨胀且隆起。

C. 用手指轻轻刺激其外阴部的周围、腰、尾巴根部，出现极敏感的反应，尾巴会上翘，扭腰，横躺在那儿，称孕让尾。

D. 当有公犬接近时，母犬会积极地扭腰，做出允许的讯息。另一方面公犬也会闻母犬外阴部的味道，或舔或骑在它背上，做出交配的动作。

从母犬的出血日起开始计算，约第 10～14 天时，平均是在第 12 天，出现以上现象时，就是交配的适当时期。

◆交配前的防虫措施

替哈士奇配种，应先肯定交配双方皆健壮。尤其是雌犬，将来要怀孕与哺乳，若有任何寄生虫病，皆易传给下一代。

首先应化验它的粪便，看看有没有体内寄生虫，如蛔虫、钩虫、线虫等。同时，应查清楚它最近一次接受过综合性防疫注射的时间，何时接受预防狂犬病注射。前者在一年期内有效；后者则在三年期内有效。若过了期，应从速补行防疫措施。雌犬的皮毛亦应细细检查，看看有无跳虱、扁虱、耳虱与其他体外寄生虫，比如毛囊虫与金钱癣，皆会传给狗的子女，应于怀孕之前完全医好。雄犬方面，在交配前也应处在健康良好的状态，无虫病。最好

配种前公母犬都应处于健康状态

双方都有兽医全身检验证明书，并应特别留意签发的日期。这是保障后代优良的做法，切勿不好意思查询，或只盲目相信一面之词。

如果要替雌犬驱虫，最好在它发情期之前两周进行，如果太接近其发情期，可能会扰乱它的周期性。假使你在它刚怀孕的时候才发觉要驱虫的话，则应立即进行。驱虫药宜在上午空肚服食，那天应停食。切勿在怀孕后期替雌犬驱虫，它可能不能忍受，应先请教兽医。

◆交配过程

犬的交配是指在交配适期内，公母犬在生殖激素的作用下，通过嗅、视、听、触的感觉神经接受刺激，对异性发生的性反射，这种反射是本能的反应。

交配时公犬会迅速爬到母犬背上，两前肢抱住母犬，此时的母犬站立不动，脊柱下凹，使会阴部抬高，便于阴茎插入阴道。公犬的射精过程可分为三个阶段。第一阶段是公犬的阴茎插入阴道时就开始射精，此时精液不含精子；第二阶段是将含有大量精子的白色乳样精液射入子宫内，这个过程较短；第三个阶段是锁结后射的精液为不含精子的前列腺分泌物。

交配中的锁结是指公犬从母犬背上爬下时，生殖器官不能分离而臀部触合姿势，这一姿势一般持续 5~30 分钟不等。在这一阶段完成第三次射精，但这与受孕已没多大关系。

在交配时只要算准了交配适期，一次交配便能受孕；但为了稳妥起见，应该隔天再配一次，以防万一错过排卵期。

特别提示

公犬交配频度 公犬一年交配不能超40次，交配要间隔24小时以上。

母犬的繁殖次数 母犬繁殖以两年3次为宜。

交配时间和地点选择 清晨为最佳，要不受外界不良刺激的地方。

做好配种记录 填写配种时间、公母犬名字、品种及预产期等项内容。

交配时要注意安全 当交配呈拴系状态时切不可惊扰，不能将其强行分开。

保证足够的休息时间 交配前后让犬充分休息，保持旺盛的精力。

妊娠

◆妊娠诊断

在哈士奇繁殖中，要尽早知道交配后的母犬是否受孕，以便加强妊娠期的饲养管理，防止流产或事故的发生，这对保证优良胎儿的健康出生尤为重要。作为家庭早期妊娠诊断，通常采用触诊法。这是犬的妊娠诊断中最常用的方法。

受精卵于排卵后20天左右开始着床，这时的胚胎直径为1厘米左右，排列成小球串状。当妊娠25～35天时，着床部位的子宫因胚胎发育而膨隆起来。胚胎直径2.5～4.0厘米左右，这时，腹壁触知最明显。当妊娠35～45天时，因胎水增加，胚泡伸长，紧张度消失，子宫角成为直径均一的管状，与腹腔的肠管较难区分，因而此时触诊不易诊断。当妊娠45～55天时，子宫角和各胎儿迅速增大，这时触诊母犬后部比前部明显，但要注意与结肠内

小锦囊

触诊的具体方法

检查者应先抚摸犬给以安全感，使犬安静。取站立式，把犬的头部轻轻挟抱在检查者的腋下，左右手掌放在犬的前腹部乳房与后腹乳房间的腹侧，手指稍张开，两手轻轻边压腹部边朝下腹部滑，妊娠子宫可垂到下腹部，这时，轻轻柔和地用手指挤压，可感知坚硬、隆起的受精卵着床部位，易区别于其他脏器。

的粪便相区别。一般这时的子宫角显著膨大而伸长，子宫角的中部在肝脏后方折回，尖端位于子宫角基部的上方。妊娠55天至分娩期间，很容易触到各个胎儿。

◆怀孕犬的特殊照顾

宜轻抱轻放，勿在肚上施压力。不宜剧烈运动，以慢慢散步作为运动较宜。切勿让它跳高跳低，尤其是临产前3周内。不可喷施过量的杀虱水。犬舍保持通风，保暖，干燥。它临产之前一个月，应驱蛔虫。为安全起见，所用驱虫药分量可请教兽医。怀孕期的最后几天，狗儿可能便结，可试喂1~3茶匙(5～10毫升)的石蜡油。不可乱用其他泻药，严重便结时要请教兽医。喂以较稀的饮食，营养要特别丰富；特别是临产前的三周，应比平时加多1/4~1/2的分量；尤其要多些蛋白质和钙质，以鱼和肉类为主。狗儿食欲好的话，可多喂一些；但最好分餐喂，因为它的子宫增大，可供胃部膨胀的空间便相应减少。不要喂饲过量，以免积滞而弄巧成拙，脂肪性食物更不可太多。

特别提示

注意犬的假妊娠

若在交配后虽也呈现腹部膨大，乳腺发胀，或能挤出少量乳汁，但未妊娠，这叫假妊娠。分辨真假妊娠的办法，是检查犬的体重是否明显增加。如果腹部增大，但体重没有明显增加的为假妊娠。经常假妊娠的哈士奇，应对其施行绝育手术。

生产日期预见表

交配日	1月	1	2	3	4	5	6	7	8	9	10	11	12	13	14	15	16	17	18	19	20	21	22	23	24	25	26	27					28	29	30	31
生产日	3月	5	6	7	8	9	10	11	12	13	14	15	16	17	18	19	20	21	22	23	24	25	26	27	28	29	30	31				4月	1	2	3	4
交配日	2月	1	2	3	4	5	6	7	8	9	10	11	12	13	14	15	16	17	18	19	20	21	22	23	24	25	26						27	28	(29)	
生产日	4月	5	6	7	8	9	10	11	12	13	14	15	16	17	18	19	20	21	22	23	24	25	26	27	28	29	30					5月	1	2	(3)	
交配日	3月	1	2	3	4	5	6	7	8	9	10	11	12	13	14	15	16	17	18	19	20	21	22	23	24	25	26	27	28	29			30	31		
生产日	5月	3	4	5	6	7	8	9	10	11	12	13	14	15	16	17	18	19	20	21	22	23	24	25	26	27	28	29	30	31		6月	1	2		
交配日	4月	1	2	3	4	5	6	7	8	9	10	11	12	13	14	15	16	17	18	19	20	21	22	23	24	25	26	27	28				29	30		
生产日	6月	3	4	5	6	7	8	9	10	11	12	13	14	15	16	17	18	19	20	21	22	23	24	25	26	27	28	29	30			7月	1	2		
交配日	5月	1	2	3	4	5	6	7	8	9	10	11	12	13	14	15	16	17	18	19	20	21	22	23	24	25	26	27	28	29			30	31		
生产日	7月	3	4	5	6	7	8	9	10	11	12	13	14	15	16	17	18	19	20	21	22	23	24	25	26	27	28	29	30	31		8月	1	2		
交配日	6月	1	2	3	4	5	6	7	8	9	10	11	12	13	14	15	16	17	18	19	20	21	22	23	24	25	26	27	28	29			30			
生产日	8月	3	4	5	6	7	8	9	10	11	12	13	14	15	16	17	18	19	20	21	22	23	24	25	26	27	28	29	30	31		9月	1			
交配日	7月	1	2	3	4	5	6	7	8	9	10	11	12	13	14	15	16	17	18	19	20	21	22	23	24	25	26	27	28	29			30	31		
生产日	9月	2	3	4	5	6	7	8	9	10	11	12	13	14	15	16	17	18	19	20	21	22	23	24	25	26	27	28	29	30		10月	1	2		
交配日	8月	1	2	3	4	5	6	7	8	9	10	11	12	13	14	15	16	17	18	19	20	21	22	23	24	25	26	27	28	29			30	31		
生产日	10月	3	4	5	6	7	8	9	10	11	12	13	14	15	16	17	18	19	20	21	22	23	24	25	26	27	28	29	30	31		11月	1	2		
交配日	9月	1	2	3	4	5	6	7	8	9	10	11	12	13	14	15	16	17	18	19	20	21	22	23	24	25	26	27	28				29	30		
生产日	11月	3	4	5	6	7	8	9	10	11	12	13	14	15	16	17	18	19	20	21	22	23	24	25	26	27	28	29	30			12月	1	2		
交配日	10月	1	2	3	4	5	6	7	8	9	10	11	12	13	14	15	16	17	18	19	20	21	22	23	24	25	26	27	28	29			30	31		
生产日	12月	3	4	5	6	7	8	9	10	11	12	13	14	15	16	17	18	19	20	21	22	23	24	25	26	27	28	29	30	31		1月	1	2		
交配日	11月	1	2	3	4	5	6	7	8	9	10	11	12	13	14	15	16	17	18	19	20	21	22	23	24	25	26	27	28	29			30			
生产日	1月	3	4	5	6	7	8	9	10	11	12	13	14	15	16	17	18	19	20	21	22	23	24	25	26	27	28	29	30	31		2月	1			
交配日	12月	1	2	3	4	5	6	7	8	9	10	11	12	13	14	15	16	17	18	19	20	21	22	23	24	25	26	27	(28)				28	29	30	31
生产日	2月	2	3	4	5	6	7	8	9	10	11	12	13	14	15	16	17	18	19	20	21	22	23	24	25	26	27	28	(29)			3月	1	2	3	4

注:自第一次交配日算起,妊娠期间为58~65天,平均63天

生产

◆产前准备

在怀孕犬临产前大约两周，即应与家中和邻居其他犬只分隔开来。最好事先准备一个干净的大盒子或纸皮箱，放在温暖而避风的角落。最理想则用木箱。

盒子或箱子的大小，应足够供母犬舒服伸腿，以及能容纳所有的幼犬。盒子或箱子的三边应够高，以能挡风为原则。每边可高10～15厘米，但有一边必须割低一些，约7厘米已足够，目的是让雌犬易于踏入踏出。

里面应铺些撕碎了的干净报纸，若弄污了也比较容易清理，胜于用大毛巾或毯子。因为后两者一旦污秽，清洗和晾干较为麻烦，而且要多准备几块交替更换才行。

雌犬在临产前的10天内，应先习惯睡在盒子或箱子内。作为“育婴间”和“产房”内的气温至少应为27℃，早晚温差不能过大，冬天应有保暖设施。

哈士奇毛较厚，应在这时期替它剪去乳腺四周和阴户四周的长毛，以便利日后它生产与哺育幼犬。

特别提示　用具准备

事先要准备好剪刀、注射器、胶手套、脸盆、毛巾、纱布、绷带、缝合针线及消毒用的70%酒精和3%碘酊及催产、止血等药物。临产前准备好温水。

◆产前征兆

犬的妊娠为58～63日间，故配种后我们可以依据第一次的交配日来查“生产日预见表”就可知道预定生产日，在预定生产日前后几天，都有可能是你爱犬的生产日。哈士奇分娩前有一系列表现，要注意观察。

外阴部和骨盆发生变化　分娩前3～5天，外阴部逐渐柔软、肿胀、充血，阴唇皮肤变红，从阴道内流出黏液。这时骨盆变大，臀部坐骨结节处明显塌陷。分娩前3～10小时，子宫颈口开张。

行为变化　接近分娩时，母犬出现非常明显的变化，行为具有特征性。子宫、子宫颈、阴道等生殖器官及其周围充血，母犬臀部的坐骨结节下陷，后躯柔软，外阴部和阴唇肿胀，呈弛缓状态。

临产前的母犬食欲不振，不安、气喘，呼吸快，寻找隐蔽的分娩场所，有些母犬有筑窝行为，室内饲养的犬多表现为围着家人求助。多数犬从分娩前12小时开始，频繁出入预先确定的产室，而且入产室时间长，外出的次数逐渐减少。分娩前1小时(少数犬前2～3小时)，母犬用前肢扒垫草，抓产室的毛巾、抹布等，并用嘴咬断撕碎，发生低沉的呻吟或尖叫。多在这期间阴门露出胎胞。

体温变化 犬的正常体温为38.3℃，临分娩前的母犬体温明显下降到36.5～37.2℃。多数母犬的体温在第1个胎儿出生前9小时为36.4～37.2℃(最低体温)，比生理体温低1℃以上。因此，可根据妊娠末期明显的体温变化，来预测分娩的准确时间。

◆生产过程

阵痛开始前母犬会烦躁不安，或以前肢不停地扒地，并张口不停地喘气，这些是生产的前兆。哈士奇生产过程大致如下：

阵痛开始 当母犬有伸前、缩腹、用力等现象时，是阵痛的开始。

阵痛频繁 阵痛频繁时，有些母犬会经破水而分娩，也有少数母犬不经破水就开始生产。随着阵痛，产道会扩张；胎儿也因子宫的抽动而从子宫颈滑至子宫体，推开子宫颈管，而把头或后肢插入骨盆内。此过程快者3分钟，慢者2小时。胎儿的头部或后肢以横向侧卧而入骨盆腔，进入后在耻骨上方回转成俯卧姿势，此时母犬的阵痛也达于最高。被强烈收缩挤出的仔犬，在颈部通过耻骨往下前进时，我们翻开外阴部，可以看到被胎膜包围的胎头、后肢等身体部分。接着，由于更强烈的阵痛，胎儿便顺势被推出骨盆，而包在胎膜内的胎儿便被分娩出来了。

破膜而出 胎儿到了母体外，脐带和胎盘仍然互相连接，而胎儿仍在胎膜内微动，此时善于自行处理分娩的母犬便会咬破胎膜及脐带，让新生仔犬破

膜而出，并将仔犬全身的羊水舔净，此时新生仔犬会发出嘤嘤的叫声。在仔犬的叫声中，母犬一边用舌头舔动仔犬，给予慈爱关怀，一边将连接的胎盘和残余的胎膜排出。

当母犬把胎盘排出后，对新生仔犬应给予保温并隔开，待母犬将腹内仔犬全部分娩完毕，才给它拭净奶头，让仔犬吸奶。但如果 2 只仔犬之间超过 6 小时以上，则另行处置。

◆生产的间隔

怀有 2 只以上胎儿的母犬，其生产间隔都有差异，年轻、体力充沛的母犬大部分较有力量，其生产间隔较短，同时阵痛的力量有较强的趋势。

阵痛的出现和阵痛的强弱，有时在某种程度内会受到生产环境及犬所信赖的主人是否在身旁等等因素的影响。因此，假如母犬的分娩时间延长，则饲主可以把母犬带到户外走动，让它轻松一下并且适量的活动，可以使仔犬早点产下。如果 2 胎之间超过 6 小时以上，则可能由于母体过于疲累，或上次生产曾有大出血所引起，因此必须视情形尽快找兽医帮助。

助产

◆助产的要领

哈士奇一般都能不靠主人帮忙而顺产，但是有时主人得特别照顾，帮助它顺利地生产。

在胎儿的头部或后肢通过骨盆腔后，胎头就会露出体外，此时若不能迅速继续全部产出，则容易被夹在阴部造成窒息而死。此时饲主就必须给予帮助，用手或用纱布包裹住胎膜，配合着母犬用力时帮忙拉出。

顺利产出后，母犬如果没有咬破胎膜或者舔拭仔犬，则饲主要代为处理，先撕破胎膜，同时用干净的毛巾擦拭仔犬，或以温水洗净擦干，并拭净仔犬口鼻内的秽物，使之能顺畅地呼吸。并顺着仔犬的背部用适当的力气擦拭，从头颈部开始，直到仔犬发出啼声。

胎盘在分娩后会随即排出，如果不能顺畅排出，饲主可以握住露在体外的部分，慢慢将它拉出，但要小心不要拉断而让胎盘留于体内。

◆人工助产

产前活动 阵痛开始后，母犬因疼痛而多睡卧，懒于走动，若停滞时间过久，则会影响胎儿向产门蠕动行进，故宜牵出室外到附近走动。这样可以缓解母犬紧张的心情，并且适量活动可促使仔犬顺利导向产门。

催生方法 母犬坐产过久，仍不能产出，或坐产无力，仔犬难以通过产道，则可以催生。催生的方法，除牵出室外运动及以手推摩母犬腹部帮助用力外，医院最常用的方法就是注射催生针。催生针的效果极佳，但催生针使用不当时，却会引起严重的不良后果，如果母犬是因骨盘扩张缓慢，在未开至适当宽度前使用催生针，仔犬非但不能产出，母犬也会因为过分用力而将子宫撑破，因此催生针应请教兽医使用。

人工接生 有些母犬首胎生产，无生产经验，既不会撕破胞膜，也不会咬断脐带，此时还是人工接生更可靠安全。首先见到胞衣慢慢自阴部露出，随着母犬使力向外生出，在露出未超过 1/2 前不宜勉强拖出，待超出一半后如滑出顺利也不需助力；如超出 1/2 后出生仍极慢，为节省母犬的体力及防止仔犬休克，可用纱布裹住仔犬，配合母犬向外努责时向外拉出。向外拉时，力度要适当，需注意勿用力过猛而伤了胎

儿，尤其不可将胎衣及脐带拉断。仔犬出生后，首先自头部撕破胞衣，并速将仔犬口内黏液、羊水除净，使仔犬呼吸顺畅，然后用两手将胞衣连脐带握牢，慢慢将胎盘拉出，要小心不可拉断。胎盘出来后立即用消毒过的棉线，自仔犬肚脐 1 厘米处扎结，再予以剪断，断脐处需要碘酒消毒。断脐后，立即用干布将仔犬全身擦干(或以温水洗净后再擦干)，并揉背部使仔犬叫出声，然后放入铺好垫布的笼内，并用电热毯或电灯保温。处理妥当后，将母犬身上稍为拭净，再换生产用的报纸，然后将胞衣、胎盘等秽物收拾干净，如此即完成一只小狗的接生工作。

人工帮助呼吸　仔犬出生后，一将胞衣撕破露出口鼻，仔犬便开始呼吸，强健者立即挣扎蠕动且大声啼叫，但大多数仔犬都必须待口腔内黏液除净后才能正常呼吸发声。有些幼弱者虽然口腔已清除干净，但仍然不能呼吸，此时可见仔犬疲弱无力呈假死状，应即施以按摩，再用大拇指及食指两指轻按仔犬前肢腋下心脏处，并用毛巾从颈部至背部摩擦，且轻轻按摩心脏，通常数分钟后即可见仔犬逐渐苏醒，发出嘤嘤之声，此时仔犬即已得救，可放入产箱保温。经过假死的仔犬于生后数月内要特别小心照顾，并注意其体重增加的情形，如果哺乳良好，体重稳定增加，则将会日见茁壮。

胎盘、胞衣的处置　犬生产后所排出的胎盘、胞衣若母犬喜欢吃，可以少量给予。胎盘、胞衣可助母犬恢复体力，促使乳汁分泌，并可增强初乳中的免疫力。但如吞食过多，会引起母犬消化不良及下痢等症状，故不可多给。

生产完毕的确认　以手触摸母犬腹部，若两侧均柔软无硬块，且母犬已不再有待产的情况，即已生产完毕。

产后清洁　母犬生产完毕后，下半身均为羊水污血所脏，故宜以温水将尾部周围洗净吹干，并以酒精棉及温开水将奶头附近擦净，稍事休息后

再让母犬哺育小狗。

帮助仔犬哺乳 健康的仔犬在娩出后即会吸吮母乳，若不会吸乳时，可将其嘴巴打开让其含住乳头，即会开始吮乳。分娩后的数日内要特别注意是否吸到足够的乳汁，如果仔犬有活力，体重平稳的增加，则其吸入的乳汁充足。吸入充足乳汁的初生仔犬第一日体重约增加 5 克，第二日起每日增加 10～20 克。

难产的处置

哈士奇发生难产的情形较少，若过度近亲繁殖，则可能造成生殖机能不太健全；又加上管理不善的话，就可能会发生难产。现将难产的各种情形略述于后：

◆阵痛微弱

某些母犬由于生产时用力不足，或是阵痛开始时才微微用力，再加上平日运动不足，筋骨缺乏锻炼，就会造成阵痛微弱。有的母犬怕痛、肥胖，或对生产的环境不满，也容易引起阵痛微弱。另一方面阵痛微弱也可能是由于母犬血液中所含钙质过低，或是由于引发阵痛的荷尔蒙不活性所引起的。

阵痛促进剂虽然有助于生产，但犬是多胎动物，阵痛促进剂的使用必须由兽医根据临床症状使用。

◆产道狭窄

胎儿并不过大，但却无法顺利的娩出，此时极可能是母犬本身的骨盆狭小，使胎儿无法通过，或阴道发育不全或狭小所引起。若有此种情形，请兽医实行剖腹产。

◆胎位不正

生产时，胎儿不照正常情况以头部先娩出，而是采取其他不正确的姿势往产道前进，我们称之为胎位不正。有些不正确的胎位仍然可以顺利生产，有些却成为决定性的难产，因此若母犬阵痛强烈，而时间也紧迫，却仍然产不下胎儿时，就要怀疑是否胎位不正了。通常胎位不正可通过 X 光照射而诊断出来。一般有下列几种情形：

逆位 胎儿以后肢朝向产道称为逆位，此种情形有时虽比正常胎位分娩困难，但还多半为顺产。大部分的困难发生在头部被卡住，故助产时要多注意，及时给予协助。

后头位 在胎儿进入骨盆时，胎头会转成俯卧状态，鼻子朝向胸部，脖子卷曲，因此头部的宽度增加，在通过骨盆时便发生困难；此时须请有经验的兽医给予协助调整，否则无法顺利生产。

臀位 胎儿逆位生产时，后肢缩向腹部，而以臀部朝向产道，以致臀部变得很大，无法通过骨盆腔而发生难产。此时应设法转位，使其能顺利生产。

侧体位 由于左右子宫角和子宫有三叉通道的关系，胎头进入了宫体，在往产道的途中误入子宫角，这就是侧体位的发生。侧体位的胎儿会变曲成V字形，而以一只前脚朝向产道，此情形就形成绝对的难产。如果转位不成功，可试着以钳子夹出；如果仍行不通，则只有进行剖腹生产。

◆胎儿过大

母犬于怀孕期间，给予过多养分而运动量又不足时；或者怀胎只数少，只怀一只者，胎儿的发育过大，以致胎头比母犬的产道大得多时，就会造成难产。此时若差异不大，可试着剪开会阴取出胎儿，否则也只有进行剖腹产。

◆胎盘早期剥离

妊娠尚未终了，分娩日未到之前，胎盘即由子宫剥离者称为胎盘早期剥离。胎盘早期剥离时，母犬会由阴部流出大量墨绿色的分泌物，此时即表示腹中胎儿至少有一只以上的胎盘被剥离，也即是至少有一只仔犬已死亡或在死亡边缘。此种情形的发生有的是母犬方面的异常，如并发其他疾病以致没有体力维持妊娠，或腹部受到外来的撞击，如交通事故、跌伤及打架等；有的是胎儿方面受到感染或因某种因素而死亡等。遇到这种情形时，要迅速请经验丰富的兽医视情形予以适当的处置。否则不但仔犬保不了，甚至还危害母体安全。

◆剖腹生产

以上各种难产，在用尽多种方法仍然无法顺利生产时；或母犬因骨盘变形，阴道部受伤而变窄时，就只有借助剖腹生产了。

产后的管理

◆初产母犬的教导

当你的母犬是只初次为母的狗狗时，你把仔犬交给它时，不知所措，这时你就需要教教它了。首先让母犬躺下，腹部朝上，把小狗放下去吸奶，看看它的反应。如果它没有恶意，乖乖地让小狗吸奶，那么再观察看它是否会舔小狗的性器官，替小狗把尿，如果它会，那么你就可以放心地把小狗交给它带了。只要它奶水充足，它就可以把小狗带得很好了。

◆初生仔犬的管理

初生仔犬的体温调节机能尚不发达，体温易受外界温度的影响，无法保持一定的体温，所以出生后的保温甚为重要。保温方法以电热毯为佳。如果不用电热毯，则可在仔犬箱上方置一盏40W或60W的白炽灯泡，也足够保温，育仔箱温度以30℃最适当。生产时如为盛夏且天气炎热，除出生当天外，可不用保温；如因天气过热而仔犬哀嚎不停时，应采取措施降温，保持30℃的恒温。新生仔犬自律神经尚不发达，无外界的刺激不会排便排尿，通常母犬会以舌头舔拭仔犬的肛门和外阴以刺激排便排尿，并且吃掉

仔犬排出的粪尿。但若遇上初产或娇生惯养的母犬不会照顾仔犬时，则饲主应以棉花或卫生纸，轻轻擦拭肛门及外阴部以促进排泄，一日数次，直到仔犬能自己排便为止，这大约需要 20 天左右。

◆帮助仔犬哺乳

为了使母犬的乳房便于仔犬吸吮，可预先剪去乳头周围的毛，哺乳时，用手指压迫乳房，稍挤出少量乳汁之后，再把仔犬的口对到乳头上。由于仔犬主要通过初乳获得抗病能力，靠初乳的轻泻作用促进胎粪排出，因此仔犬出生后要及早哺乳，吸足初乳。

初乳 产后 3 天内的乳汁称为初乳，其成分与常乳有很大的不同，含有较高的蛋白质、脂肪、丰富的维生素，具有缓泻作用，可促进胎便排出。初乳酸度高，有利于消化活动。初乳中的各种营养物质几乎可全部被仔犬吸收利用，对增长体力、维持体温极为有利。初乳含有多种抗体(母源抗体)，这对于机体抗病机制尚不完善的仔犬有着十分重要的意义。据实验，仔犬可以从初乳中得到 77% 的免疫保护力，随后母源抗体的浓度逐渐降低，到 1

周龄时为 45%，2 周龄时为 27%，3 周龄时为 16%，到 8 周龄时基本没有了。因此，应尽可能早地让仔犬吃到初乳。

常乳 指犬分娩 3 天后的乳汁。常乳中也含有大量蛋白质，但主要是酪蛋白，其次是白蛋白和球蛋白以及乳脂肪和乳糖。这些物质也都是仔犬生长发育中不可缺少的物质。

哺乳的时间和次数 哺乳的时间、次数母犬自会掌握，无需人为地干预。但有些乳汁少或母性差的犬，主人要注意授乳情况。一般每天的喂奶次数应在 5 次以上。

◆排乳不良的处理

母犬有时候乳房膨胀，泌乳量很多，但有时乳汁的排出量却很少。当排乳不良时，仔犬会因吸不到奶而一直咬住乳头不肯离开，此时应对乳房施以按摩，以促进排乳。按摩的方法是以温热的湿毛巾贴住乳房，用手掌揉搓 5~6 分钟，然后握住乳房对乳头加压挤乳。此种按摩一日数回，直到乳汁排出顺畅为止。

◆母乳不足的处理

产后母犬死亡或产仔过多或母乳不足时，要采用人工哺乳或寄乳。人工哺乳通常喂以牛乳或奶粉。

寄乳是将仔犬寄养给其他哺乳母犬的一种方法。但保姆犬主要是通过气味辨认亲子的，因此，在寄乳前应先将保姆犬的乳汁或尿液涂在欲寄乳的仔犬身上，使其带有保姆犬同样的气味，这样易被保姆犬接受。但在刚开始接

特别提示

防止母乳变质

母乳变质最直接的原因有：一是母犬仅分娩 1~2 只仔犬，由于乳汁的淤积，往往会使母犬发生乳房炎，从而使乳带有很多细菌、毒素，仔犬吃了这些乳后就会发生中毒而死亡。二是母犬长时间待在温度较高的地方身体状况变坏，往往会发生中暑或患病，从而使母乳变质，幼犬吃了变质的乳以后会引起中毒而致死。

触时，应加强观察与管理，严防踩、咬现象，必要时可给保姆犬戴上口套，待其允许仔犬吮乳后再摘下。

犬乳中蛋白质量是牛乳的 3 倍，脂肪量是牛乳的 2.5 倍，因此人工哺乳单靠牛乳营养是不够的，所以应该在牛乳中加蛋黄及乳粉。初期人工哺乳可用 1 份乳粉加 7 份水，以后逐渐增加乳粉浓度，直至 1∶4 的比例。

人工哺乳应尽量少食多餐。出生 5 日内的小仔犬应 2～3 小时喂乳 1 次，每次 20～30 毫升；生后 6～10 天的仔犬应每 3～4 小时喂乳 1 次，每次 30～80 毫升；生后 10～15 天的仔犬应每隔 4 ～5 小时喂乳 1 次，每次 100～120 毫升。仔犬未睁开眼时用乳瓶喂乳，睁开后可改用食盘。喂食量可随小仔犬的食量进行调整，逐渐增加喂量和浓度。仔犬的环境温度通常为 30℃左右，随着日龄的增加，环境温度也应逐渐下降一些。如小仔犬未曾吃过初乳，则应在仔犬生后连用 3 次增加仔犬体质、抗病能力的药物，如免疫血清、免疫增加剂、丙种球蛋白、干扰素及转移因子等。

◆断乳前的管理

仔犬从出生到断乳这期间很重要，成犬的健康、体格情况很大程度上与这个时期有关，必须加强这段时期的管理。

驱虫　仔犬出生后 3～5 周可以给仔犬第一次驱蛔虫，因为经母体胎盘传给仔犬体内的蛔虫卵这时已经在小肠中变为成虫了；以后每隔 3 周，驱虫 1 次，因为经过 3 周新感染的蛔虫幼虫又长成成虫了，驱虫直到 16 周为止。

四周时喂固体食物　仔犬在4周前后已开始长牙，也可慢慢开始饲喂固体食物，但千万要注意一定要逐渐地改变饲料。

预防接种　仔犬在出生后第6周最好作第一次预防接种犬瘟热及犬细小病毒疫苗，因为这两种病对犬的危害性很大，同时母犬初乳中所给的母源抗体在仔犬身上已开始消失。经过2～3周后再作第二次疫苗预防接种，从而使仔犬体内产生足够的抗体。预防接种2周后仔犬才能获得免疫能力，因此只有在第二次疫苗预防接种后2周才能将仔犬带到外面去玩，或让仔犬和其他犬接触。预防接种要有针对性，同时还要注意，不同生物药品、不同厂生产的疫苗，它们的免疫期是不一样的。如犬瘟热疫苗，有的预防接种后可保护半年，有的可保护一年，而有的犬瘟热疫苗可保护两年。

哈士奇的疾病防治

犬的疾病重在预防。我们平时就应该给狗狗更多的关心与爱护，注意犬的健康状况，每天花上一点点时间对狗狗作一次快速的健康检查……

注意观察有无异常症状

有经验的饲养者可以根据一些常见症状，及时发现爱犬的疾病，并及时进行治疗，保证爱犬的健康成长。从头到脚检查犬的全身，看看有没有生病的迹象，例如有无肿胀、分泌物异常、体温或脉搏异常、精神不振等现象。一旦发现问题立即进行防治，这样我们就能让爱犬在发病初期就能得到完全根治。哈士奇患病时可能出现下列症状：

步子怪异 首先应想到它脚底是否扎进异物，是不是受了伤，趾缝间是否有跳蚤等等。如未发现有明显的外伤，那可能是因关节炎引起的疼痛影响走路，要不就是佝偻病或者骨头发育不良。摸摸它的腿，如果发出尖叫，也许发生了骨折或脱臼。

没有食欲 如果没有食欲而精神尚佳，可以再观察 1～2 天，但是如无食欲且伴有明显消瘦则要引起注意。如果进食量不到平时的一半，老爱躺着不动，就要带它到医院检查。这种状况基本上能发现其他疾病，应注意观察。

饮水量较多 狗在散步后喝水较多，是用以调节体温，如果没怎么活动而喝水却很多，应当首先考虑狗是否吃了含盐过高的食物。此外，高烧、痢疾、糖尿病、肾病、尿崩症等都是狗大量饮水的原因。在不能找到病因的情况下，应当请兽医诊治。

散发臭味 哈士奇若身上散发臭味应注意寻找原因。口中发臭可能是由于牙石或口腔炎引起的；耳朵发臭是因患外耳炎、中耳炎或耳溃疡；体毛发臭应考虑到皮肤炎症或肛门囊肿；生殖器官发臭是由于子宫炎症、生殖器溃疡及尿分泌异常等原因。找到发臭的原因后应当找兽医看病。

咳嗽 经常咳嗽说明狗的呼吸器官与支气管出现异常。如果感冒后不及时诊治，也可能引发支气管炎或肺炎。如果咳嗽严重，那极有可能是得了哮喘病。如果是异物吸入，咳嗽时会显得非常痛苦。当患有传染性支气管炎时也会咳嗽，请尽早向医生求治。

鼻子干燥 刚睡醒时狗鼻子发干是正常的，但是如果同时还发烧就要小心了。此外流鼻涕、出鼻血、鼻部肿大、鼻孔不通等症状也不应忽视。这些症状的原因可能是因感冒引发的鼻炎，以及头部创伤、脓肿、溃疡、缺乏维生素A、营养缺乏等引起的。

口内流涎 应检查是否患口腔炎，口腔是否被骨尖、木屑等异物刺伤，牙根颜色是否变化(如发白、发黄、过红、发黑等)，有无其他外伤。

频繁呕吐 如果狗吐完后精神有所好转则无大碍，如反复做出呕吐状，或浑身瘫软无力，就可能什么地方出问题了。可能的原因有：食道内异物堵塞、吞下塑料袋等无法消化的物品、肠梗阻症或肠扭绞、巴尔波氏病毒感染、钩端螺旋体病或其他疾病。此时主人应带上狗的呕吐物请医生诊治。

眼圈糊满眼屎 如果发现狗眼圈周围粘满眼屎，或者眼部肿胀等症状，应找医生咨询，绝对不能自作主张用人的眼药给狗治。

病犬护理方法

如果没有周到的护理，爱犬将无法与伤病抗争。我们应在兽医的指导下对它进行妥善的处置。如果我们掌握了一些正确的护理知识，犬一定会恢复得更快。

测体温 给犬测肛门体温时，可一人将犬摁住，力气不要过大，以免将犬弄伤；另一人把犬的尾巴向上掀起，再将体温计缓缓插入肛门。也可以在插入之前先用少许食用油涂在肛门上起润滑作用。插入后应将体温计顶端带水银部分紧贴在肛门壁的一侧。另一种方法是让狗躺下后，将其抱住，再从两腿间将体温计插入肛门。

喂药 因为狗鼻子灵，马上能发现混入食物中的内服药，所以应将药与蜂蜜或奶酪混匀后抹在狗的嘴边，这样让狗舔食下去。另外也可以用糯米纸将药卷成小包后喂服。喂服药片或胶囊时可用一只手掰开狗嘴，另一只手将药尽量往喉咙深处放，待狗嘴合拢 1～2 秒再松开手。之后再在狗的鼻尖上吹口气，这时狗本能地会伸出舌头舔舔鼻子，就能把药顺利吞下。喂药水时，把狗脑袋向上抬起，再用吸液管将药水从嘴角注入即可。

急救处理

掌握正确的急救处理方法，关键时刻就能发挥重要作用，然后再交由兽医处理。如果你的哈士奇突发急症，你可以临时紧急救护。

◆应配备的物品

考虑到发生意外情况的需要，至少应配备以下用品。

消毒杀菌剂 出现外伤时，用刺激性较弱的碘酒消毒。

耳药 清洁耳部时可使用硼酸软膏。

犬用营养剂 矿物营养剂、维生素 E、复方维生素剂等。

体温表 应备置犬用体温计，如有兽医用的则更好使。

剪子 顶部为圆形的更安全。

纱布、绷带、棉签、毛巾 套紧嘴巴时使用。

药品　应根据爱犬的体质状况，和兽医商量后按处方购买常备药品。饲养者勿自作主张从药店购买。

◆人工呼吸

当犬受伤倒地后应当立即观察有无呼吸，如果呼吸停止，可能来不及送医院抢救，应立即施行人工呼吸。如犬呼吸已经停止，应让狗侧向平躺，将舌头掏出后观察口内情况。如呕吐物堵住呼吸道，可能造成呼吸困难，应清除干净。在确保呼吸道畅通后可进行人工呼吸。由于狗的肺位于肋骨下部，可用双手按住肩胛骨旁的肋骨位置，将肺中的空气压出来，然后猛地松开手，以使新鲜空气进入肺部。重复上述动作直至狗能自主呼吸。

◆止血

若属轻微出血，可用纱布或毛巾裹紧伤口止血。如果仍流血不止，则应用绷带扎紧伤口后再观察。如伤口较深出血量多，就应在靠近心脏的部位实施止血。注意防止长时间大量出血。应尽早送动物医院急救。

◆其他应急处理

狗如果腿部受伤，走路姿势一定不正常。这时应先给狗带上笼头后观察患部。如果未发现外伤但狗疼痛剧烈，估计可能出现骨折或脱臼。当伴有出血时应先进行止血，再用厚纸板或木片固定住患部后送往医院处理。

哈士奇犬种倾向性疾病

◆腹泻（俗称拉肚子）

很多第一次饲养哈士奇的主人都会发现他们的狗狗很容易拉肚子，这主要是因为哈士奇的消化系统很特殊，尤其它们在幼犬时期的肠胃是需要特殊照顾的，以它们的体积，其实它们要进食的东西不算太多，但一定要营养均衡。它们需要高蛋白质、高脂肪，而有容易消化的食物。不要喂食含有任何豆类的食品，因为它们的消化系统不容易消化豆类。

当带你的哈士奇幼犬回家的时候发现它有轻微腹泻情况时，你要先去医院检查粪便，检查是否犬瘟热、犬细小病毒等传染病，如果不是这些疾病，那么就是你的喂养方法有问题了。

A. 你是否给幼犬太多的零食或者是你晚饭剩下来的食物?

B. 检查一下幼犬是否饮水太多,或者你家的水源是否干净?

C. 你喂食的次数和分量是否有问题?

如果你一天只喂幼犬吃两餐,而每一餐的分量都较多的话,继而又大量饮水,腹泻的可能就会增大了!所以你最好还是每日喂它 3~4 餐,但分量要相应减少。

◆髋关节发育不全

髋关节发育不全,是狗狗相当常见的疾病之一。哈士奇是比较容易患这种病的犬种。

患病的犬只跑跳能力下降,髋关节也会松松垮垮的。轻轻触压髋关节时髋关节松弛,拉直后脚,关节会疼痛,可以发现后脚肌肉萎缩、因为力量分摊到前脚,所以肩膀的肌肉常会变得肥大。

爱犬患了这种病后,一定要带它去医院治疗,除此之外,还需要:

A. 限制运动，可以让关节休息。

B. 有条件的话，带它去游泳，游泳可以减轻关节的负荷，所以减肥是相当重要的。

C. 特殊限制：不要让它怀孕，因为怀孕时体重增加会加剧病况。

D. 控制体重，因为体重会增加关节的负荷，所以减肥是相当重要的。

◆骨软骨炎

将犬养得又大又壮是很多人努力的方向，尤其是大型犬。此时的主人便会提供比较高的营养、食量与运动。但是这样的举动具有潜在的危险性，因为关节的负荷过大，常常会造成关节损伤。

患这种病的犬只会出现关节疼痛、跛脚的症状，但只要经过适度休息疼痛即会消失。一般而言，犬的肩关节及髋关节易得此病，有时候爱犬会疼痛造成步伐变小等等。

爱犬患了这种病以后，一定要带它去医院治疗，除此之外，你需要做：

A. 限制运动：可以让关节休息。

B. 控制体重：因为体重增加关节的负荷。控制体重显得相当重要。

C. 特殊限制：不能让它怀孕，因为怀孕时瞬间增加的体重会加剧病况。

◆胃扭转

所谓的胃扭转，简单地说就是胃打结了。很多大型犬、深胸廓的犬容易患此病症。此病引发一连串快速的生理变化，严重的会出现低血压性休克，

死亡率相当高。

患病犬只的症状是：重复的干呕、流口水；精神抑郁、不安。这时；你必须尽快带它去医院进行治疗，千万不能耽搁，因为该疾病如果没有在短时间内紧急处理，死亡率几乎达100%。

为了防止这种疾病，你平时应注意避免让你的爱犬在饭后进行剧烈的运动。

◆白内障

很多哈士奇有遗传性白内障，所以繁殖的时候得参考它们的族谱。购买犬只时，你最好要注意这点。有人说哈士奇眼睛的颜色越浅就越容易得此病。这绝对是讹传，这种疾病跟眼睛颜色无关。

◆青光眼

青光眼是眼压上升超过25～30毫米汞柱以上，正常的犬眼压约在15～30毫米汞柱之间。眼压的上升，常会造成视神经的退化导致失明。造成此病的原因可能因为先天性的原因，患病犬只的症状：

A. 如果房液排液不良，造成急性青光眼，狗狗会出现疼痛的现象，如眼皮张不开、流泪、头部肌肉紧绷等；慢性的青光眼，可以发现眼睛比较突出，此外，眼球表面变得不敏感：因为神经受到压迫、受损。

B. 眼球疼痛：因为眼内压的上升造成神经压迫。

C. 眼球表面浑浊：因为控制瞳孔的水肿所致。

D. 瞳孔放大：因为控制瞳孔大小的肌肉与神经受到压迫。

E. 对光线反射消失：因为视神经坏死。

F. 眼球突出：慢性的青光眼，会因为前房液液体的积累，造成眼球变形。

G. 眼白充血:即是巩膜的区域会出现红肿的现象。

原发性的青光眼大部分都是双侧性的，可以使用药物或手术方式治疗。发病一年内如果没有适当的治疗或手术,约有 40%的病例会失明。

犬的免疫

疫苗是保护犬免遭传染病侵害的有效武器之一,在全球销售的数量稳步增加。然而,在临床上一些宠物主人对疫苗(特别是联苗)的组合混淆不清,免疫程序不明,使用方法不妥,甚至对犬的过敏和应激反应束手无策等情况,从而经常造成免疫失败和造成不良后果。

目前我们常用的进口和国产疫苗有：犬瘟热(D)、犬传染性肝炎(H)、犬细小病毒(P)、犬副流感(Pi)、犬钩端螺旋体(L)、犬窝咳(KC)、犬冠状病毒(C)、狂犬病(R)等。有单苗、双联苗和多联苗之分。

由于疫苗公司和厂商不同，因此疫苗的免疫程序制定也略有不同。如果选用的疫苗公司或厂商疫苗品种齐全，可按下列建议免疫程序注射；如果疫苗品种不齐全，没有的则不予考虑，仍按下列建议免疫程序注射。

◆建议免疫程序

如果是自己繁殖的犬，可在 30 天时鼻腔滴注犬窝咳和犬副流感疫苗(KC)；35 天时皮下注射犬冠状病毒疫苗(C)；42~45 天时皮下注射小犬二联疫苗(PUPPY DP)；50 天时再次注射犬冠状病毒疫苗(C)；60 天时皮下注射犬六联疫苗(DHPPi+L)；75 天时再次鼻腔滴注犬窝咳和犬副流感疫苗(KC)；90 天时再次注射犬六联疫苗 (DHPPi+L)；120 天时皮下注射犬七联疫苗(DHPPi+RL)。以后每年春秋两季鼻腔滴注犬窝咳和犬副流感疫苗(KC)各一次；皮下注射犬七联疫苗 (DHPPi+RL) 或犬六联和单联狂犬病疫苗(DHPPi+L+R)一次和犬冠状病毒疫苗(C)一次。

如果犬是从宠物市场买回来，没有注射过疫苗，年龄在 2 个月龄以上至 1 年以下的幼犬，经检查身体健康者，建议注射两次犬六联疫苗(DHPPi+L)，两次犬冠状病毒疫苗(C)，两次犬窝咳和犬副流感疫苗(KC)及 1 次犬七联疫苗(DHPPi+RL)，或犬六联和单联狂犬病疫苗(DHPPi+L+R)。免疫程序为：首次注射犬六联疫苗(DHPPi+L)，第 3 周注射犬冠状病毒疫苗(C) 和鼻腔滴注犬窝咳及犬副流感疫苗(KC)，第 4 周再次注射犬六联疫苗(DHPPi+L)，第 7 周再次注射犬冠状病毒疫苗(C) 和鼻腔滴注犬窝咳及犬

副流感疫苗(KC)，第 8 周注射犬七联疫苗(DHPPi+RL)或犬六联和单联狂犬病疫苗(DHPPi+L+R)。以后每年春秋两季鼻腔滴注窝咳和犬副流感疫苗(KC)各 1 次；皮下注射犬七联疫苗(DHPPi+RL)或犬六联和单联狂犬病疫苗(DHPPi+L+R)1 次和犬冠状病毒疫苗(C)1 次。

(DHPPi+RL)或犬六联和单联狂犬病疫苗(DHPPi+R+L)1 次和犬冠状病毒疫苗(C)1 次。

◆正确的使用方法

A. 疫苗使用前，不要将手指接触瓶盖，或将 75%酒精棉球拧干后消毒瓶盖，稍等片刻待酒精挥发后再抽取疫苗。

B. 最好使用一次性消毒注射器，如果使用人工消毒注射器进行疫苗接种时，须小心不要让疫苗与残留消毒剂接触。

C. 使用前轻轻地将液态苗摇匀。

D. 冻干苗应用液态苗或专用无菌的稀释液来溶解，待完全溶解后即抽完并立即使用。

E. 以无菌接种方式，在颈背部皮下接种。

◆注意事项

A. 疫苗接种前必须向犬主详细了解犬的近况，仔细进行临床检查。

B. 疫苗注射后最好让犬在诊所或医院停留 10 分钟左右，以便观测。

C. 疫苗必须存储于阴暗处，温度维持在 2～8℃。不可将疫苗长时间或重复地暴露于高温下。

D. 不可使液态苗冻结。

E. 由于疫苗接种10天才可产生免疫力，故犬主在此阶段应仔细护理犬只。

F. 皮下接种狂犬病疫苗后，有时候在接种处可暂时摸到肿块。

◆过敏和应激反应

在兽医临床上有时因品种的差异、周围环境的突然改变、犬只情绪的异常变化、身体状况不佳等原因，犬在接种疫苗后，偶尔会出现过敏或应激反应。

注射疫苗后的过敏反应其特征为 头部或眼睑肿大，全身瘙痒，通常3～6小时后会自愈。如有必要可皮下注射盐酸地塞米松。

全身颤抖或头部抽搐，流涎。此时可注射硫酸阿托品，如有必要可皮下注射盐酸地塞米松。

食欲不振或食欲废绝，全身疼痛，精神呆滞，昏昏欲睡，喜欢躲避在阴暗处，通常2～4天后自愈。如有必要可皮下注射盐酸地塞米松。

应激反应的特征为 有时犬在注射疫苗后几分钟内(通常在10分钟左右)发生抽搐或休克等应激反应，此时应立即肌肉注射盐酸肾上腺素解救。

优秀哈士奇鉴赏

黄金犬舍®

哈士奇专门

WWW.husky-gold.com

GOLD KENNEL™ www.husky-gold.com

●国内最大哈士奇繁育基地

●国内唯一哈士奇专业网站

Multi BISS Am/CAN/CH
Highlander's Austin Powers
2002 NO.7 siberian Husky Club/Top stud Dog
2003 No.3 siberian Husky in Canada
2005 Aom of America National Specialty
Top stup Dog in USA

Permafrost's April Breezie
Sire:CH Chrisdon's Distant Thunder
Dam:CH permafrost's Nice And Easy

Breezie father Boomber
Blss AM/CAN/CH
Chrisdon's Distant Thunder

Breezie 在美比赛图片

Breezie 在美比赛图片

"Breezie"在美第一胎幼犬已完成冠军登陆

该犬舍父母犬均为现今国际赛场上之冠军犬。该犬舍多只明星犬在赛场上屡获殊荣，奖励繁多。

养育者：王巍　　电话：13980095858
网址：www.husky-gold.com　　E-mail：ww@husky-gold.com

黄金犬舍®

优秀哈士奇鉴赏

种公：叮咚

幼犬：男爵

幼犬：宝儿